昆虫館スタッフの内緒話

昆虫館はスゴイ！

全国昆虫施設連絡協議会（著）

伊丹市昆虫館のチョウ温室とスジグロカバマダラ

はじめに

全国昆虫施設連絡協議会に所属する昆虫館は、北は北海道から南は与那国島まで22館あります。それぞれの施設には、ユニークで個性的な面々が矜持を持って働いています。そんな全国のスタッフが、昆虫と昆虫館に対する熱い想いを本気で語ったのが本書になります。

昆虫の持つ最大の魅力は、やはりその多様性です。これを全国の多様な昆虫館の多彩なメンバーが語ることで、昆虫だけでなく昆虫館の魅力も皆様に伝えることができるのではないかと考えました。

昆虫館は、世間的にはマイナーな存在かもしれません。しかし間違いなく魅力的な存在です。これだけの数の昆虫館がある国は、

世界中で日本だけです。そして私たち人間が、自然環境と調和した持続可能な社会をめざすのならば、地球上の生物としての大先輩でもある昆虫たちから、今こそ学ぶべきなのだと感じています。


本書は、少しでも多くの方が昆虫と昆虫館に興味を持ってほしいという願いを込めて、全国のスタッフが忙しい合間を縫って書き上げました。

スタッフの皆さんの昆虫への知識や思いの深さに感銘すると共に、改めて本協議会に参加している館園の真摯な思いを示すことができたと思います。

そして、素晴らしい書籍が作れたと自信をもって言える充実した内容になりました。

本書をきっかけに昆虫館に足を運んでいただき、その唯一無二の魅力を体感していただける方が増えることを心から願っています。

全国昆虫施設連絡協議会　会長　渡部 浩文

CONTENTS

1章　みんなの〝推し虫〟

2章　昆虫の魅力と楽しみ方

4章　昆虫館はスゴイ！

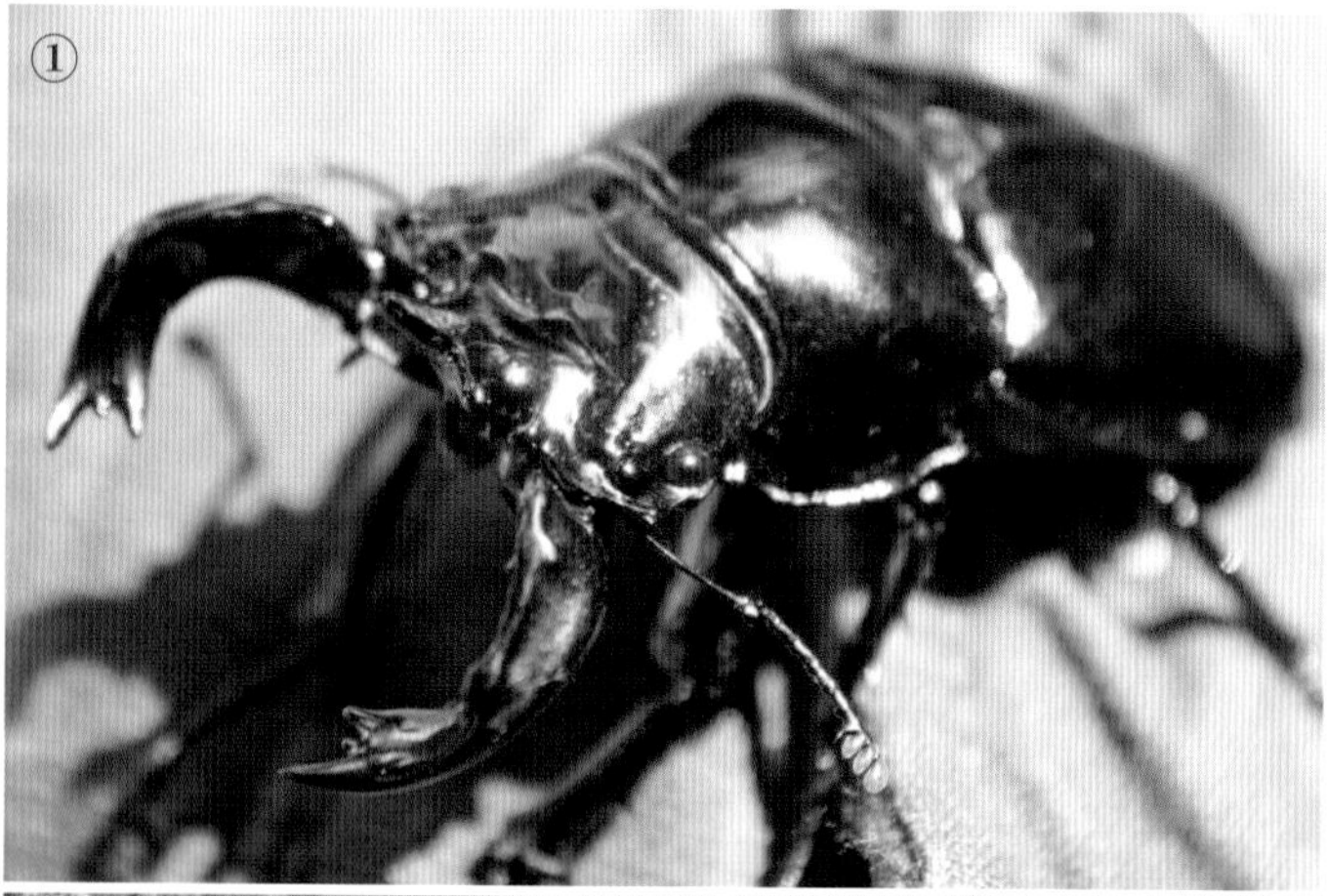

① タランドゥスオオツヤクワガタ
(田村 隼人)
② ツマグロハナカミキリの産卵
(日高 謙次)
③ インビタビリスツヤクワガタのオス
(渡辺 良平)

1

みんなの〝推し虫〟

アカハネナガウンカとオオイクビカマキリモドキ

奥山《おくやま》 清市《せいいち》
伊丹市昆虫館
館長

アカハネナガウンカ

ギャグ漫画の主人公のようなニヤけ顔や別々の虫同士が合体したようにしか見えない虫。昆虫たちは常に我々の想像の斜め上をいく存在なのです。

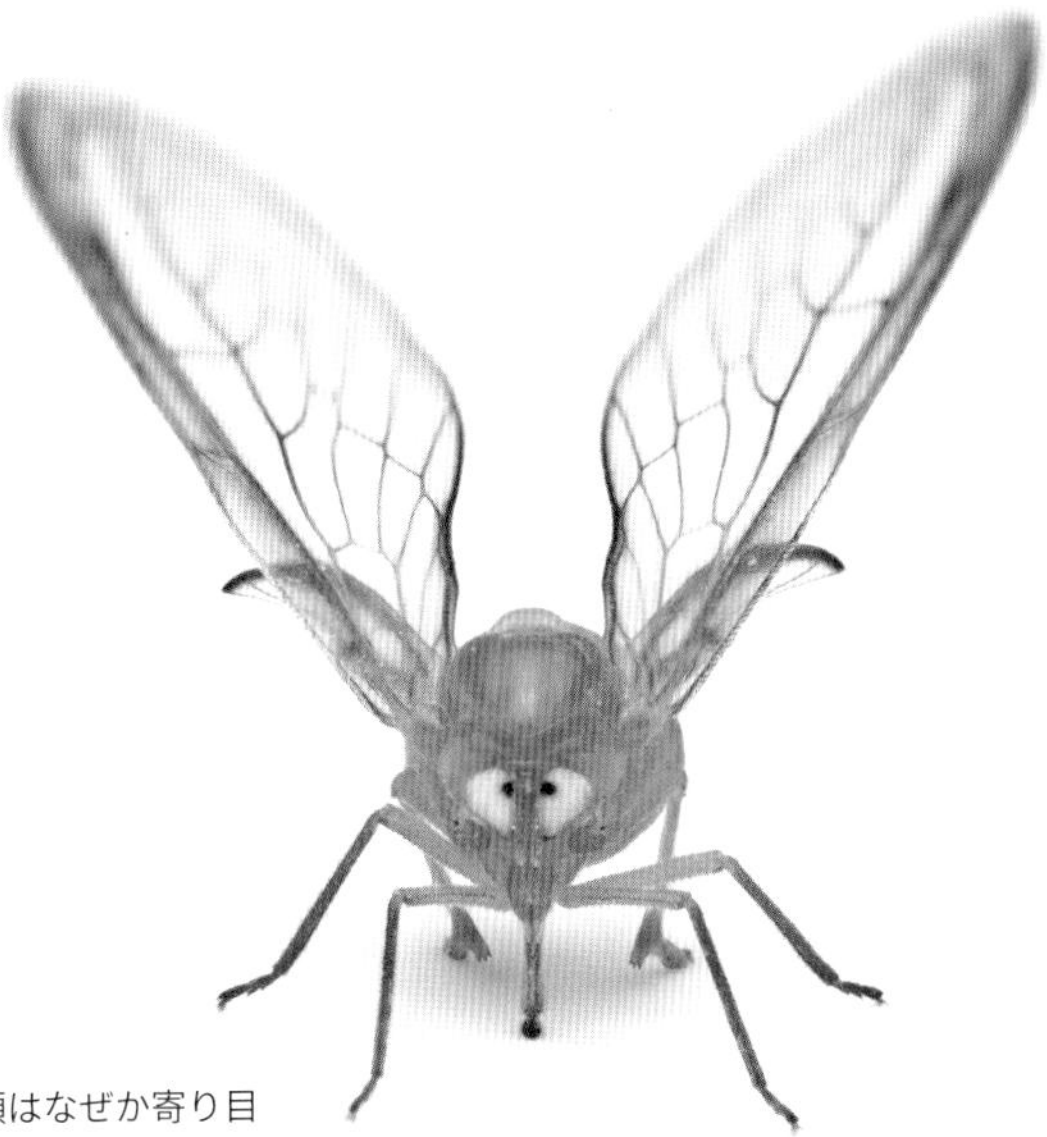

正面顔はなぜか寄り目

アカハネナガウンカ

この昆虫の存在を知った時は、「こんなフザけた顔をした虫がこの世にいるのか！」と、脳天に衝撃が走りました。こんな顔を見たら、誰もが「絶対にこの目で見て、撮影したい！」と思いますよね。調べてみると、ススキなどのイネ科植物の茎や葉に普通に生息しているとのこと。それならすぐに見つかると探してみたけど、ぜんぜんいないない……まさに昆虫あるあるです。出逢えたのは、旅行先の丹後半島でした。嬉しさのあまり、ハイテンションでアカハネナガウンカを撮影する私の姿に妻はドン引き(笑)。しかも写真を見せたときの反応が、「これって抜作先生？」だったのです。抜作先生は、昔連載されていた少年向けギャク漫画の登場人物で、確かに目つきがそっくりなので、その一言に死ぬほど笑いました。

独特の面白い表情を形作る勾玉型の眼は、まるで人間さながら。しかし、黒目に見えるのは偽瞳孔《ぎどうこう》と呼ばれる単なる黒い点で、実際にこちらを見ているわけではありません。偽瞳孔は、カマキリなどの昆虫の複眼でよく見られる現象です。

体の大きさが5㎜ほど、長い翅をいれても1㎝弱というとても小さな虫ですが、こんなに面白い顔をした虫が、身近な環境に潜んでいることを考えるとワクワクしませんか。

オオイクビカマキリモドキ

昆虫館に寄せられる質問に「カマキリとハチが合体したような虫がいた！　あれはなに？」というものがあります。言い得て妙とはこのことで、確かにカマキリとハチが合体したようにしか見えない虫が実在します。その虫の正体はカマキリモドキ、アミメカゲロウの仲間です。ちなみに、はかない虫として知られる『カゲロウ』と『アミメカゲロウ』はまったく別の昆虫なのでご注意を。

国内最大級のカマキリモドキ、オオイクビカマキリモドキ

カマのような前脚で小さな虫などを捕食します

カマキリモドキは外観だけでなく、その生活史も不思議で変わっています。

生れたばかりの1齢幼虫は、徘徊性（一般的にクモの巣と呼ばれている網を張らずに歩き回るタイプ）のクモにとりつき、クモが産卵する時に卵のう（多数の卵が入った袋）の中に入り込んで生活します。これはクモの卵を餌として食べるためです。そして十分に成長すると「ファレート成虫」と呼ばれる動ける蛹《さなぎ》になり、卵のうの外に出て自ら羽化する場所を選んで成虫になります。日本では9種1亜種のカマキリモドキが知られています。中でも私はダントツで西表島や石垣島に生息するオオイクビカマキリモドキが好きです。その姿がカマキリとハチという昆虫界の2大武闘派を絶妙なバランスで合体させた、リアル「ぼくのかんがえたさいきょうのこんちゅう」にしか思えないからです。しかし実物は案外ひ弱で食も細く、そのギャップにたまらない魅力を感じるのです。

コムラサキの幼虫

イモムシ3兄弟

園田《そのだ》 恵子《けいこ》
(公財)宮崎文化振興協会
大淀川学習館
技師

宮崎市郊外の自然が残る地域で生まれ育った私は、小さい頃からいろいろな生き物と触れ合ってきました。テントウムシやニホンカナヘビを家に持ち帰っては、家族に叱られるような毎日です。そんなある日、近くの堤防で、すごい速さで歩く「ちっちゃなタワシ」を見つけ、躊躇《ちゅうちょ》することなく素手で捕まえると、いつものように家に持ち帰りました。

その後、タワシの正体がシロヒトリというガの幼虫であることを知り、「これが飛べるようになるのか！」という不思議さと、動きの面白さに魅了されたのです。それ以来、すっかりイモムシやケムシ類が大好きになりました。

そんな私が、縁あって大淀川学習館でチョウの飼育をするようになったのです。大好きなイモムシに囲まれての楽しい仕事です。嬉しいことに一度は会ってみたいと思っていたイモムシにも出会うことができました。それが私の『推し虫』であるイモムシ３兄弟です。

長男は「オオムラサキ」です。オオムラサキは宮崎市内には生息していないため、幼虫はおろか成虫すら見ることができません。幼虫には立派なツノがありますが、おちょぼ口でつぶらな瞳、愛らしい顔をしています。嫌なことがあると、ツノを左右に振って猛アピールする姿もまたカワイイ。衝撃的なのは脱皮の時にポロっときれいに頭がもげるところ。可愛らしさとお茶目さを兼ね備えたイモムシです。

次男は「ゴマダラチョウ」です。こちらは宮崎市内にも生息しており、樹液が出ている樹や食樹のエノキがあるところで見ることができます。幼虫はオオムラサキに瓜二つですが、残念なことに背中の突起が一つ足りません。そこが、私が次男にした理由です。しかし成虫は、オオムラサキとは似ても似つかない、黒と白のシックな翅のお洒落さんです。

三男は「コムラサキ」になります。大人になって初めて成虫を見ましたが、オオムラサキを小さくした美しい姿のオスには驚きました。幼虫は3兄弟の中では一番スリムで、特徴的なツノも上品です。食樹のヤナギはいろいろな所に生えているのですが、残念ながら越冬幼虫を一度も見つけたことがありません。実は、毎年挑戦して探しています。

どうしても昆虫は、成虫になった姿が注目を集めます。一方で、幼虫はチョウに限らず、大人にも子どもにも敬遠されがちです。しかし成虫とは異なる形や生活スタイルを貫き通して立派になっていく、そんな幼虫の面白さにも触れてみてほしいと思っています。

ゴマダラチョウとオオムラサキの越冬幼虫

オオムラサキの幼虫

カミキリムシ

金杉《かなすぎ》 隆雄《たかお》
群馬県立ぐんま昆虫の森
昆虫専門員

ヨツキボシカミキリ

昆虫の魅力の一つは種の多様性。私にその奥深さを教えてくれたのはカミキリムシです。

子どもの頃から昆虫などの生き物は好きでしたが、本格的にのめり込んだのは大学生からです。研究対象はハエ目（双翅目《そうしもく》）のヌカカという微小でマイナーな昆虫でしたが、甲虫類にも興味がありました。研究室に置いてあった保育社の「原色日本甲虫図鑑」Ⅱ〜Ⅳ巻をめくり、「甲虫にはこんなに種類があるんだ！」「なんていろいろな形態があるんだ！」と、ワクワクしながら眺めていたものです。

特にハマったのがカミキリムシ。私にとって講談社の「日本産カミキリ大図鑑」はバイブルと言えます。長い触角に多様な色彩というエレガントな姿のカミキリムシが、５㎝を超える大型種から数ミリの小型種まで掲載されていました。

子どもの頃は、クワの害虫でもあるキボシカミキリをはじめ、ゴマダラカミキリ、ノコギリカミキリなどを見つけては喜んでいましたが、それはごく一部でしかなかったのです。図鑑を読むことで、「いろいろな種類のカミキリムシを見つけてみたい」「集めてみたい」というマニア心に火がつきました。

先輩に連れて行ってもらった、山の中にある切り出した木材の集積所（土場と呼んでいました）では、図鑑でしか見たことのないたくさんの種類のカミキリムシが採れました。そのため、初夏から夏にかけては毎週のように土場に通い、朝から夕方までカミキリの採集

シラハタリンゴカミキリ

キボシカミキリ

に明け暮れていました。

しかし毎週通っていると、初夏の頃には週替わりで違う種類が出現することや、時間帯によって見られる種類が違うことがわかってきました。例えば、ルリボシカミキリなどをはじめとする多くの種類は日中の明るい時間帯に活動しますが、ウスバカミキリやトホシカミキリなどは、日が傾いたやや薄暗い時間帯に出現します。また、土場で見られるカミキリムシにも限度があり、見つからない種類がいることもわかってきました。

カミキリムシは樹木などの植物を食べて生活しています。各種広葉樹の枯れ木に集まるルリボシカミキリのような種類もいれば、枯れたタケに産卵するベニカミキリ、ヌルデ

ルリボシカミキリ

コブヤハズカミキリ

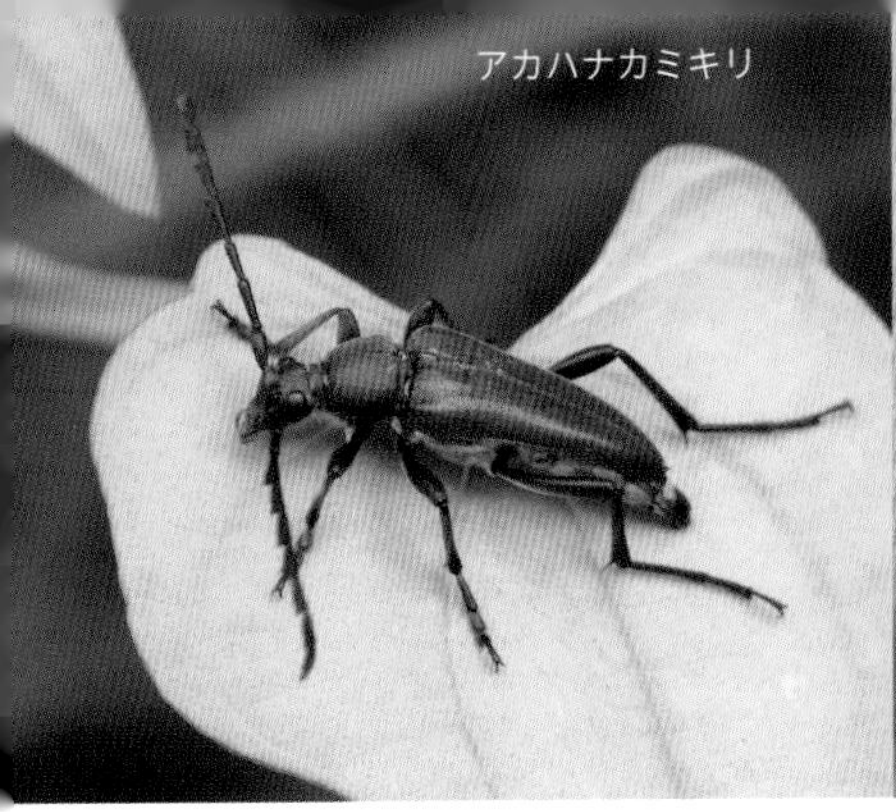
アカハナカミキリ

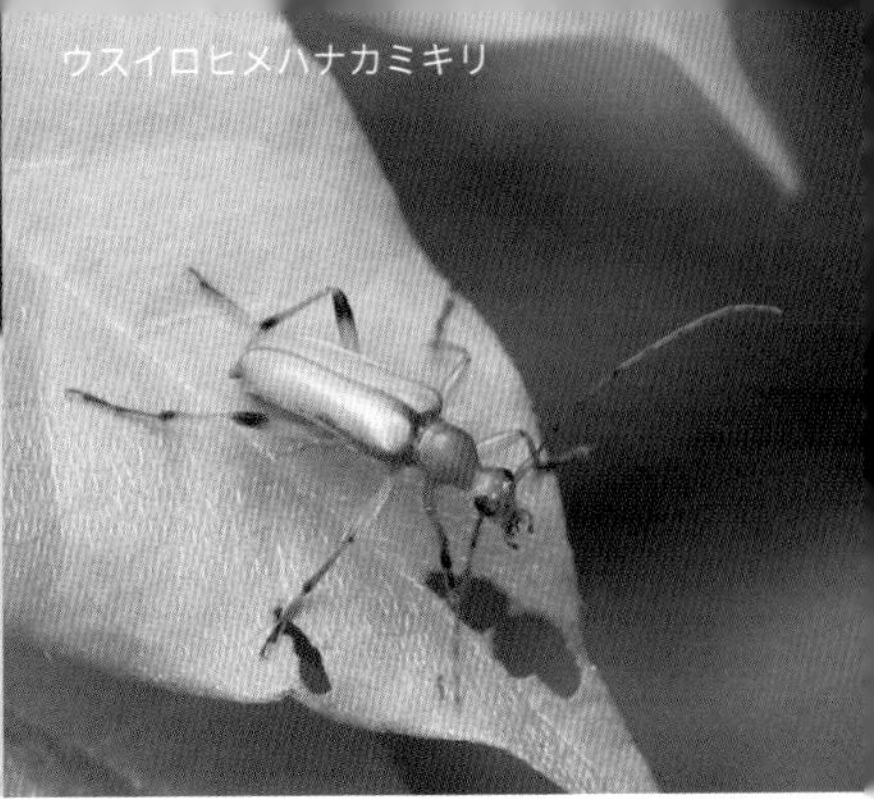
ウスイロヒメハナカミキリ

の木に集まるヨツキボシカミキリ、スイカズラの葉をかじるシラハタリンゴカミキリなど、特定の植物でしか見つからない種類もいるのです。

　また、セリ科植物やノリウツギなどの花に集まるハナカミキリやトラカミキリなどの仲間もいれば、標高の高い場所にしか生息していない種類もいます。いろいろな種類のカミキリムシを見つけるには、植物や自然環境に関する知識が必要となるのです。

　最近はカミキリムシを目的に採集する機会はなくなりましたが、今でもカミキリムシの仲間を見つけると嬉しくなります。カミキリムシの採集は、私の自然を観る目や動植物に関する知識を養ってくれたと言えます。

ウスバカミキリ

ベニカミキリ

ホタルカミキリ

カミキリムシ

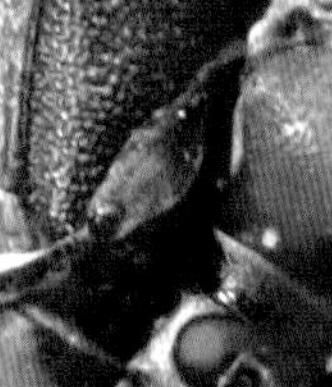

日髙《ひだか》 謙次《けんじ》
（公財）宮崎文化振興協会
大淀川学習館
主幹兼業務係長

〝カミキリムシ〟と聞くと、「ミカンにつく害虫」とか「ヒゲが長くてキィキィ鳴く虫でしょ」と思う人がほとんどだと想像します。私も数年前までは似たような認識でした。しかしカミキリムシは、知れば知るほど面白く、現在では私のライフワークとして昆虫採集の〝虫心《ちゅうしん》〟になっています。

私とカミキリムシとの出会いは、幼少期のクワガタ採集のときです。夜間に樹液を見て回っていると、シロスジカミキリやミヤマカミキリなどの大型のカミキリムシとよく出会いました。しかもクワガタの幼虫を探すために朽ち木などを割ると、カミキリムシの幼虫も出てくるため、私にとっては昔から身近な昆虫ではありました。ただ、採集したり標本にしたりすることはなく、単にクワガタ採集のときに見かけるだけの存在。そんなカミキリムシのことを、私が専門に調べるようになった経緯について話をしたいと思います。

私は宮崎昆虫同好会に所属しているのですが、会員の諸先輩から「一つの昆虫を専門に調べた方が良い」と言われ、大いに悩んでいた時期がありました。それまでの私は広く浅く昆虫を調査していたため、採集した昆虫は専門の会員の方に渡していました。そのため、いきなり専門の昆虫と言われてもピンと来なかったわけです。仲間の会員からは直翅目《ちょくしもく》（バッタ目）と双翅目《そうしもく》（カやハエなど翅《はね》が2枚の昆虫のグループ）を勧められましたが、それらの種には興味がわかず、別の昆虫を模索した結果、カミキリムシに行きつきました。

カミキリムシなら見た目も分かりやすいし、何より専門の会員が身近にいたため、教えを請いやすいという安易な考えからです。特にカミキリムシとの強烈な出会いがあったわけでも、特別な思いがあったわけでもなく、消去法と打算からでした（笑）。

そこから私は先輩方と一緒にライトトラップなどの採集に同行しては知見を広め、2017年から本格的にカミキリムシを専門に歩み始めることになりました。

まだまだ知らないことばかりの駆け出しではあるものの、宮崎県では3例目となるオオスミヒゲナガカミキリを採集したり、アカアシオオアオカミキリとベーツヤサカミキリの新産地を見つけたりと、珍種、希少種と呼ばれている種類も採集でき、いまやすっかり沼にはまった状態です。現在、宮崎県では約300種のカミキリムシが確認されていますが、私はすでに約150種を採集しており、死ぬまでには宮崎県で確認されている全種をコンプリートしたいと考えています。

クビアカトラカミキリ

フタオビチビハナカミキリ

シロスジカミキリ

ワモンサビカミキリ

クロゴキブリの幼虫

クロゴキブリとヒメマルゴキブリ

柳澤《やなぎさわ》 静磨《しずま》

竜洋昆虫自然観察公園

毎日、昆虫館で虫と関わっている私でさえ「え！　そんな虫いるの!?」という驚きが絶えることはありません。それだけ昆虫は多様で奥深い生きものなのです。わかっていたつもりなのに意外な一面を発見したなど、知っても知っても知り尽くせない「ずっと追い続けられる楽しさが昆虫の魅力」だと私は思っています。ここではそんな魅力に気づかせてくれた２種類の昆虫を紹介します。

ヒメマルゴキブリのメス成虫

意外とかわいい？　クロゴキブリ

推し虫がゴキブリなんて、驚かれますよね。嫌われている虫の代表といっても過言ではないゴキブリ。私も子供の頃はゴキブリが大の苦手で、家でたまに現れる本物はおろか、図鑑のゴキブリのページさえ見るのが嫌で、ページが開かないようにセロテープでとめていたほどでした。しかもそれは、昆虫館の職員になってからもずっと続いていました。

そんな私に転機が訪れました。ある時、昆虫館でクロゴキブリの展示を行うことになったのです。そうなると、どうしても私が飼育をする日があります。1日目はケースを開けることすら嫌でたまりませんでした。手に汗をかきながら餌の昆虫ゼリーを素早く交換したのですが、しばらく眺めていると、ゴキブリたちが触角を振りながら餌に集まり熱心にゼリーを食べるではありませんか。その姿に不覚にも「え、ちょっとかわいいかも」と、思ってしまったのです。

クロゴキブリ

それからゴキブリを観察する毎日が始まりました。

クロゴキブリというと、素早く走り回る姿を思い浮かべますが、ケースの中のクロゴキブリはゆっくり動いています。ずっと速い動きをしているわけではなかったのです。また、同じ餌を毎日与えていると、食べる量が少なくなっていくことにも気がつきました。しかも文句でも言いたそうに少ししか食べません。試しに今まであげたことのない熱帯魚用の餌に変えると、「待ってました！」と言わんばかりに集まってきて争奪戦になります。調べてみたところ、ゴキブリは同じ餌ばかりだと食べ飽きるそうです。「なんとも贅沢な！」と思いましたが、私たちも食事のメニューが毎日同じだと飽きるので、似たようなものかもしれません。

餌をあげるとすぐに寄ってくる個体、少ししてから寄ってくる個体など、個体差もあり、観察すればするほど彼らの行動や個性が面白くなってきたのです。

気がつくと、どんどんゴキブリの魅力にはまっている自分がいました。餌をあげると慌てて寄ってくる姿なんて、とてもかわいくて「キュン」となってしまいます。「ゴキブリが苦手！」という方は、思い切って飼育してみると克服できるかもしれません。

クロゴキブリ

ダンゴムシのように丸くなれるのは
幼虫とメス成虫のみです。

オス成虫は丸くなれません。
ただ翅がしっかり伸び、飛ぶ
ことができます。

南の島の丸まるゴキブリ

26ページ下の写真の昆虫は、ダンゴムシのように見えますが、ヒメマルゴキブリという鹿児島県〜台湾に分布する10㎜ほどのゴキブリです。この虫は、アリなどからの攻撃を防ぐために丸くなります。

私がヒメマルゴキブリと初めて遭遇したのは石垣島でした。

木にへばりついているダンゴムシのような生き物を捕まえてみると、脚も触角もおなかに隠してしっかり丸まるではありませんか！　ヒメマルゴキブリの存在はもとより知っていましたが、想像以上の丸まり具合に思わず「おおお！」と叫んでしまいました。

昆虫館でも「ゴキブリには見えない！」と、多くの驚きの声が聞こえますし、ゴキブリにも様々な種類がいることを解説するときに活躍します。サイズも小さく、丸くなり、噛まないため、ふれあいコーナーでも人気者です。ヒメマルゴキブリには、ゴキブリのイメージを変える「ゴキブリらしくないゴキブリ」という魅力があるのです。

ケラ

今井 陸斗《いまい りくと》
足立区生物園
陸生昆虫・水生昆虫飼育

ケラという昆虫をご存知でしょうか。「オケラ」と呼んだ方が馴染みがあるかもしれません。『手のひらを太陽に』の「ミミズだって、オケラだって、アメンボだって……」のオケラです。「歌で名前は知っていたけれども姿は見たことがない」という方がほとんどだと思います。

ケラはバッタ目ケラ科に分類される昆虫です。バッタ目は、バッタ、コオロギ、キリギリスなどを含むグループで、ケラはコオロギに近縁とされています。ケラ科の昆虫は世界全体で70種ほど見つかっていますが、日本で確認されているのは1種のみとなります。

英語では mole cricket と呼ばれています。直訳すると「モグラコオロギ」と言ったところでしょうか。これは非常に的を射た名前と言えます。

ケラの特徴は、なんといってもその前脚にあります。田んぼの畔《あぜ》のような湿った土の中にトンネルを掘って生活しているケラは、効率よく土を掘るために平たくて太い前脚を持っています。さながらモグラのようです。地中での移動はとても速く、地上で姿を見つけても、一度地中に逃げ込まれたら再び掘り起こすのは至難の業。逃がさないようにと手のひらでしっかり包んでいると、指の隙間を前脚でぐいぐい押し広げようとする力強さを直に感じることができます。

ケラは「掘る」以外にも、異性と出会うために「鳴く」（ほとんどの鳴く虫はオスしか鳴きませんが、ケラはメスも鳴きます）、より良い生息環境を求めて「飛翔する」、水に落ちてしまった時には水面を「泳ぐ」など、特徴的な行動を多くとります。これをもじって「おけらの七つ芸」という言葉があるほどです。ただ残念ながら、「多芸だがどれも中途半端。器用貧乏」というような意味合いにはなりますが……。

実際にそれらの行動を観察してみると、鳴き声はマツムシやスズムシのような（人間主

観で）きれいな声ではありません。具体的に表現すると、少し震えた音で「ビョーー」と長く鳴きます。個人的には『壊れたファクシミリのような音』という例えをよく使います。

飛ぶ様子もふらふらと頼りなさげです。泳ぐときもゲンゴロウのように水中をすいすい泳ぎ回るわけではなく、中脚と後脚をせわしなく動かして水面を滑るように移動します。

ケラが登場する慣用句は意外に多く、つまみ上げたケラが前脚をバンザイするように上げたままになる様子から、お手上げになる状態を表して無一文の意味の「おけらになる」、初めは熱心でも途中でやめてしまうことの例えとして「螻蛄《ケラ》水渡り」、わずかな油断や不注意が大事に繋がってしまうことを意味する「千丈の堤も螻蟻《ろうぎ》（ケラとアリのこと）の穴を以て潰《つい》ゆ」などがあります。なんだか情けない意味の言葉が多いですが、逆にケラに対する親しみを感じるような気がしています。

街中ではあまり見かけなくなってしまったケラですが、かつては人間にとても身近な昆虫だった、ということではないでしょうか。

いまやあまり出会うことのないケラですが、実はまったくいなくなってしまった、というわけではないようです。普段は地面の中にいるため姿を見ることは難しいですが、探すコツさえ掴めば、運がよければですが東京23区内でもケラに出会うことができます。

ケラは生息環境として、湿った土の中を好みます。そのため探しに行くのならば、水辺が豊富な公園や河川敷のそばがいいということになります。湿った地面の上の石を起こして探すなどの方法もありますが、おすすめは灯火採集です。公園

ケラのトンネル

や河川敷のそばで夜に街灯を見て回ると、ときおり灯りに寄せられたケラに出会うことがあるのです。運次第では飛ぶ様子を観察することもできます。

また姿は見えなくても、鳴き声だけなら聴くチャンスはあります。ケラは成虫が異性を求めて、春先と夏〜秋の年2回だけ鳴くのですが、鳴き声で探すなら春先がおすすめです。この時期は鳴く虫の種類が限られるため、比較的ケラとわかりやすいからです。サクラも散った春の夜、散歩をしながら耳を澄ませていると、地面の中から「ビョーー」という少し震えた声が聴こえてくるはずです。

一度だけこの声が、私が勤める足立区生物園のすぐ近くの植え込みから聴こえてきたことがありました。生物園の近くには湿地のような環境があるわけではないため、「こんなところで会えるとは！」と驚くと同時に、とても嬉しくなりました。

愛らしく機能的な姿、変わった生態、そして人間との関わり……ケラの魅力は今回だけではとても語りつくせませんが、その一端でもお伝えできていれば幸いです。縁遠いようで実は身近なケラ、あなたの足元にも潜んでいるかもしれません。

ゲンゴロウ

平澤《ひらさわ》　桂《けい》
アクアマリンいなわしろ
カワセミ水族館
チームリーダー

オールのように後脚
を動かして泳ぐ

左がオス、右がメス

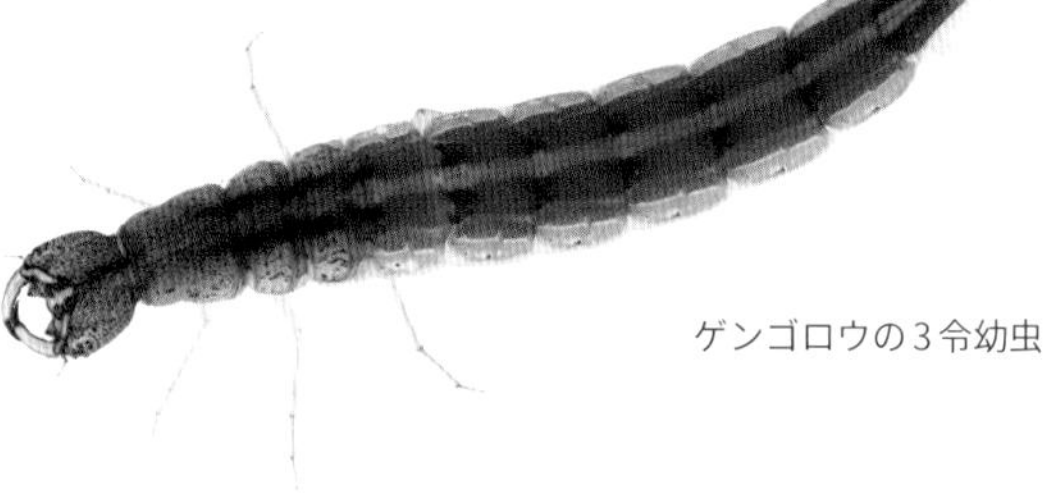

ゲンゴロウの3令幼虫

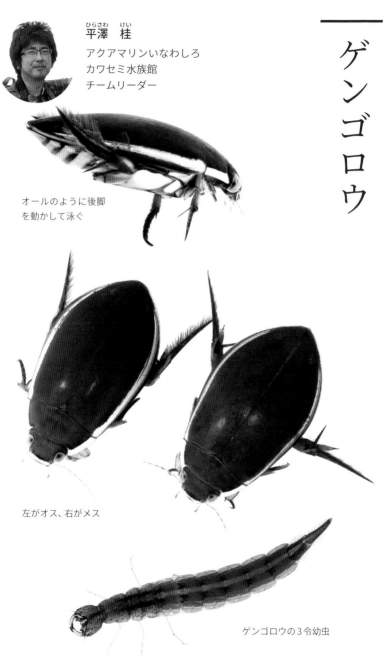

私が初めてゲンゴロウと出会ったのは、小学校5年生の夏、地元の縁日でした。友だちと一緒に屋台を見ていると、憧れだったゲンゴロウが３００円の値札をつけて鎮座していたのです。当時の私のおこづかいが５００円。お好み焼きなどの食べ物を諦め、憧れの虫を持ち帰ることにしました。

家に着くと、飽きることなくゲンゴロウを眺めていました。

甲虫の中でも、水中で生活する姿に特化したゲンゴロウは、楕円形や卵形などの体型で、凹凸が少なく、水の抵抗を受けにくい流線形をしています。後肢跗節《こうしふせつ》にはたくさんの遊泳毛が密生しており、オールのように後肢を動かして泳ぐ姿はまさに宝石のようでした。

泳ぎの苦手な私は、優雅に泳ぐ姿がうらやましく、思わずゲンゴロウを素手で掴んでしまいました。すると、脛節《けいせつ》の末端にある２本の端棘《たんきょく》が指先に当たり、激痛が走ったのです。ゲンゴロウにこのようなトゲがあることを、このとき初めて知りました。

きっと、外敵に襲われたときに身を守る手段の一つとして利用

脛節末端にある２つの端棘

しているのだと、子どもながらに思った記憶があります。

その日は、お風呂場で使っていた桶《おけ》に入れ、そのまま家の外に置いて寝ることにしました。翌朝、布団から出ると真っ先に桶を覗きに行ったのは言うまでもありません。しかし桶の中には、ゲンゴロウの姿はありませんでした。水中を巧みに泳ぐゲンゴロウも、カブトムシのように空を飛べることを、このとき初めて知ったのです（もちろん、桶から這い出して逃げたのか、野良猫に襲われたのか、ゲンゴロウが消えた本当の理由はわかりません）。


日本で確認されているゲンゴロウの仲間は、コツブゲンゴロウ科で5属16種、ゲンゴロウ科で32属133種の計149種（2021年4月現在）です。そのうち2㎝以上になる大型種はたったの10種。大半の種類は1㎝にも満たない大きさです。ちなみに国内最大のゲンゴロウは4㎝ほどの大きさになります。これらゲンゴロウのうち、約40％の種類が絶滅の危機に瀕しています。その要因の一つに、ゲンゴロウが完全変態を行う昆虫だということがあります。芋虫のような幼虫から、蛹《さなぎ》を経て成虫へと変化するのです。

ゲンゴロウの仲間の多くは、水中に生える植物（抽水植物）の茎の中に卵を産みます。

またゲンゴロウは、成虫も孵化《ふか》したばかりの幼虫もほとんどが肉食性です。と言っても、

ゲンゴロウの幼虫の大顎

捕食の方法は成虫と幼虫では大きく異なります。成虫は臭いに敏感で、死んだ魚や虫などの臭いを頼りに近づいて、かじるように食べます。

幼虫は動くものに反応し、生きた獲物が近づくと発達した大顎で素早く獲物に噛みつきます。ただ、成虫のようにかじっては食べません。消化液を獲物に送り込み、溶かした消化液を吸汁する「体外消化」を行います。このどう猛さから幼虫は、〝Water tiger〟と呼ばれています。

幼虫は2回の脱皮を繰り返し、しばらく3令幼虫として水中で生活した後、上陸します。この時期に重要になるのが水際の環境です。上陸できる水際がないと、幼虫はおぼれて死んでしまうのです。例えば、コンクリートやブロックで『護岸《ごがん》』された水路やため池などでは上陸できません。幼虫は土の畦《あぜ》や堺からでないと、陸上までたどり着けないのです。上陸後は、土に潜り、蛹室《ようしつ》という部屋で蛹《さなぎ》になります。

ですからゲンゴロウが暮らすためには、抽水植物と水際の環境が整っていることが重要なのです。ただこのような環境は、農業形態の変化、高齢化による水田利用の減少、安全管理の側面などといった様々な理由から急速に減少しています。水中と陸上を必要とする生活史を持つゲンゴロウが、1種類でも多く暮らせる環境が残ることを私は願っています。

コガタノゲンゴロウ

日高《ひだか》 謙次《けんじ》
(公財)宮崎文化振興協会
大淀川学習館
主幹兼業務係長

少年時代の私にとって、体長20㎜以上の大型のゲンゴロウは、憧れの存在でした。採集に行っても捕れるのは、体長10㎜程度のヒメゲンゴロウや体長12㎜程度のハイイロゲンゴロウばかり。一番大きな種でも、体長14㎜程度のシマゲンゴロウでした。

より大きい種として昆虫図鑑には、ゲンゴロウ(ホンゲンゴロウ、ナミゲンゴロウ)やクロゲンゴロウが紹介されています。生息域にはしっかりと九州が含まれている。当然のように私が住む宮崎県にもいると思うわけです。しかもタガメを採集した経験から、「自分なら大型のゲンゴロウも捕まえられる!」という、変な自信もありました。


しかし大人になり、宮崎県では大型種のゲンゴロウは絶滅が危惧されるほど希少であることを知ったのです。「このまま憧れは憧れのまま終わるのか……」と諦めかけていた頃、思いがけない出会いがありました。

それは、22歳のとき(いまから20年前)です。いつものガソリンスタンドに給油に行くと、外灯に集まったコガネムシの中に1頭だけ見た目の違う昆虫が目に留まりました。

「ドウガネブイブイにしては丸っこいコガネムシが落ちているな……」と近づいてみると、コガネムシではなく大型のゲンゴロウだったのです。

当時の私は、コガタノゲンゴロウの存在を知らなかったため、「ゲンゴロウを見つけた！」と、ガソリンスタンドで1人はしゃいでいました。

宮崎市内でも住宅街の近くで大型種のゲンゴロウを見つけたことに、多少のひっかかりを覚えましたが、その日は興奮のまま帰宅しました。後日、図書館で調べてみたところ、自分が見つけたのはコガタノゲンゴロウであることがわかりました。このときの出会いが今も鮮明に記憶に残っているため、コガタノゲンゴロウが私の〝推し虫〟の1種になったのです。

当時、コガタノゲンゴロウは全国的に絶滅が心配されているほど数を減らしており、見つける度に嬉しくなったものです。しかし現在は、南九州では増加傾向にあり、ちょっとした用水路や学校のプールなどでも

目にする、超普通種になっています。

自分の憧れていた昆虫が、いまではあまりにも簡単に捕まえられることに複雑な心境もありますが、飼育のしやすい昆虫ですから、地元の子どもたちには是非とも育ててほしいと思っています。そして、俊敏な泳ぎと前脚を使ってエサを食べる様子などを間近で観察してもらいたいです。

私の推し虫であるコガタノゲンゴロウは、超普通種になるほど宮崎県では増加しましたが、逆に近年では少年時代に多く捕れていたシマゲンゴロウやタイコウチを見かける機会が減ったように感じます。水生昆虫を取り巻く環境は厳しい状況にあると思いますが、コガタノゲンゴロウ以外の虫たちにも多く出会える環境を残したいと切に願っています。

シマゲンゴロウ

冨樫《とがし》 和孝《かずたか》
北杜市オオムラサキセンター
副館長

私が勤務する北杜市オオムラサキセンターは、日本の国蝶で有名なオオムラサキを中心に展示している山梨県の昆虫館です。しかし私自身は、チョウよりも、どんな虫よりも、ゲンゴロウの仲間が大好きです。

ゲンゴロウといえば、多くの人は黄色く縁どられた深緑色のゲンゴロウ（別名　ナミゲンゴロウ）を思い浮かべると思います。しかし日本には、150種類以上のゲンゴロウの仲間が生息しており、種によって模様も個性的。いろいろと特徴があって面白いため、全ての種類を推したい気持ちもありますが、今回は特に個性的な模様をもつシマゲンゴロウを私の〝推し虫〟にしたいと思います。

シマゲンゴロウは、北海道から鹿児島県まで広範囲に分布しているゲンゴロウの仲間です。植物が豊富な日当たりのよい浅い水域を好み、田んぼによく現れます。体長は1.5㎝程度で、背中には2本の黄色いスジと、時代劇に登場する人物のマロ眉を彷彿させる斑点が2つあります。国内に生息するゲンゴロウの仲間で、似たような模様の種類は他にはいません。この特徴的な模様から、北杜市でコメ作りをしている農家さんの間では、広く知られる存在になっています。

わたしがシマゲンゴロウと出会ったのは、大学生の頃、友人とクワガタを採りに山梨県北杜市を訪れたときです。

気まぐれで水田の桝にタモ網を入れた友人が、見慣れない模様のゲンゴロウの仲間を掬いあげたのです。これがシマゲンゴロウとの運命的な出会いでした。

マロ眉の模様をもった奇妙なゲンゴロウに、私は一目で虜になり、その後はクワガタそっちのけで「マロ眉……マロ眉……」と呟きながら、田んぼの淵《ふち》や桝《ます》、水溜まりを掬《すく》って探していました。しかし、私は一匹も捕まえることができませんでした。その後もシマゲンゴロウを追い求めて友人と神奈川の各所を訪れましたが、採集する機会には恵まれませんでした。

私がシマゲンゴロウと再会を果たしたのは、偶然にもシマゲンゴロウとの出会いの地である北杜市のオオムラサキセンターに就職した後のことです。

敷地内にある水田の代掻《しろか》き（田んぼに水を入れ、土を砕いて均平にする作業)をしていたときです。あまりにもあっけなく見つけ、拍子抜けしたのを覚えています。山梨県では調査中にシマゲンゴロウを見かける機会は多く、昔ほどのレア感はなくなりましたが、それでも思い出深く、見つけると嬉しくなるゲンゴロウです。

ところで、特徴的な「マロ眉」。正確には「殿上眉《てんじょうまゆ》」と呼ぶらしく、位の高い人にだけ許された装いであるとのこと。改めてシマゲンゴロウの背中を見てみましょう。どうでしょうか。なんとなく品位があるように見えてきませんか?

ある時、オオムラサキセンターに訪れたお客さんが「変なシマゲンゴロウが獲れたから見て!」と持ち込んできました。私はそれを見てビックリ! なんとマロ眉がないのです。こんな「らしくない」シマゲンゴロウを見せられてしまっては、自分で探さずにはいられません。まだまだ奥深いシマゲンゴロウを追い求める私の日々は続きそうです。

マロ眉のないシマゲンゴロウ

*tarandus*型

タランドゥスオオツヤクワガタ

*tarandus*型

田村《たむら》 隼人《はやと》
東京都多摩動物公園
昆虫園飼育展示係

タランドゥスオオツヤクワガタ（*Mesotopus tarandus*）の学名にある〝*tarandus*〟とは、トナカイ座という意味です。動物のトナカイの種小名も *tarandus* です。私はトナカイの飼育担当をしていたことがあるのですが、トナカイの学名を見るたびに、大好きなタランドゥスオオツヤクワガタのことを連想し、テンションが上がっていました。

このクワガタは、分類的に本種のみで1属を構成しています。これは系統的に近い種類がいないということで、見た目や生態的にも〝独特〟ということを意味しています。

ただ種としては同一ですが、型（form）の違いで *tarandus* 型と *regius* 型の２つの型があります（論文によっては *imperator* 型がいるという説もあります）。両者で何が違うのかと聞かれると、より専門的になってしまいますが、一つに外見の違いがあります。また、*regius* 型はアフリカ西部、*tarandus* 型はアフリカ中部を中心に生息しているとされていますが、明確な境界があるわけではないそうです。

アフリカ大陸では、大型の甲虫が生息できる環境は、ハナムグリの仲間が占めてしまっています。そのためクワガタ類は、南端の地域に分布するマルガタクワガタの仲間と何種かのノコギリクワガタ、メンガタクワガタ以外は小型種ばかりで、大型のものはほとんど生息していません。

このような背景もあり、タランドゥスオオツヤクワガタの推しポイントの一つ目として、私は『アフリカ最大のクワガタ』を挙げたいと思います。９㎝を超える体長や太い体幅、それに伴う力強い脚には惚れ惚れします。特に脛節《けいせつ》の形はお奨めです。そして、オオツヤクワガタの名に恥じない、周囲を映し込む光沢のある黒！ 黒光に差す鮮やかな橙毛《とうもう》はなんともいえません。私としては死ぬまでに一度はアフリカに行き、野生の姿を見てみたいのですが、治安の問題もあり、なかなか踏ん切りがつかない状態です。

二つ目の推しポイントは、独自の造形の大アゴになります。工芸品を思わせる造形で、上から見るのと横から見るのとでは全く違う印象を与えます。私は横からの姿が好きで、顎の付け根から山なり状に鋭く先端へ抜けていく形がたまりません！ ちなみにこの特徴は、*tarandus* 型のもので、そのため私は *tarandus* 型派になります。*regius* 型は大アゴの湾曲が弱く、横から見ても細く尖鋭な印象になります。

しかし、タランドゥスオオツヤクワガタの最も特筆すべき点は外見ではありません。実は、このクワガタムシは鳴くのです！

鳴き声は「リーンリーン」や「ミーンミンミン」ではなく、スマートフォンの「ブーブー」というバイブレーション音に近いです。実際に鳴いているところを触っても、振動が伝わってきます。鳴き方も面白く、頭部を上下に振って鳴きます。頭部の背面側の付け根と胸部の前縁の内側を擦りつけているように見えるため、その部分に鳴く機構があると思われます。筋肉量の関係からか、同じオスでも小型より大型の個体の方が鳴き声も大きいです。

鳴くのはオスだけですが、メスも興奮するとオスと同じように頭を振るため、人間には分からないだけで鳴いている可能性もあります。人間の目には光っているように見えない種類のホタルが、カメラの長時間露光撮影により、実は光っていたことが解明された研究結果もあります。同様に本種のメスの鳴き声も、今後の調査次第で判明するかもしれません。

外国産のカブトムシやクワガタムシの全般に言えることですが、日本に輸入されている種でも現地の生態があまり知られていなかったり、調査研究がされていなかったりします。それでも飼育繁殖はできているわけです。先人達の飼育技術は凄いと感心すると共に、自分も様々なことに挑む開拓精神を持たねばと思います。

チョウセンカマキリ緑色型

チョウセンカマキリ

辻本《つじもと》　始《はじめ》
橿原市昆虫館
係長（学芸員）

オオカマキリ褐色型

チョウセンカマキリ褐色型

チョウセンカマキリは、オオカマキリよりは少しだけ小さいものの、ほとんど大きさが変わらない大型のカマキリです。日本に昔からいる在来種ですが、名前に『チョウセン』が付きます。朝鮮半島に近い長崎県対馬の生き物を除き、在来種に『チョウセン』が付くのは珍しいことです。なぜ在来種にチョウセンの名前が付いたのかは、よく分かっていないようです。不思議ですが、朝鮮半島にも生息するため、チョウセンカマキリでも構わないと私は思っています。ただ図鑑によっては、単に「カマキリ」と書かれていることもあります。これだとチョウセンカマキリを説明するのに「カマキリ」という名前のカマキリ」と言わなくてはならないため、私はあまり好きではありません。

子どもの頃の私は、家の近所にたくさんいたこのカマキリを捕まえては、バッタを食べさせたりして友だちと遊んでいました。その頃の私たちは、このカマキリはオオカマキリだと思い込んでいました。ただメスとオスで呼び方を変えており、メスのことはオオカマキリ、オスのことはチョウセンカマキリと呼んでいました。図鑑には、オオカマキリとチョウセンカマキリが別々に書かれていたため、「チョウセンカマキリはオオカマキリのオスの呼び方なのに、なぜ別々に書くんだろう?」と、子ども心に不思議に思っていました。

チョウセンカマキリの卵のう

ところが大人になったある日、オオカマキリとチョウセンカマキリは、実は別の種類のカマキリであるという、私にとって衝撃的な事実を知ったのです。しかも家の近所のカマキリを調べてみると、いたのはすべてチョウセンカマキリ。記憶をたどると、子どもの頃に見たカマキリの卵のうも、丸いオオカマキリのものではなく、細長いチョウセンカマキリの卵ばかりでした。つまり私を含む近所の子どもたちは、近所にいたチョウセンカマキリのことをオオカマキリだと思い込み、しかもチョウセンカマキリはオオカマキリのオスの呼び名である、という二重の勘違いをしていたことになります。

いまとなっては理由は分かりませんが、子どもたちは子どもたちなりに誰かが仕入れてきた知識を、間違いも含めて普段からお互いに教え合っていたからかもしれません。そんな思い出もあり、今でもチョウセンカマキリは大好きなカマキリになります。

オオカマキリとチョウセンカマキリはよく似ていますが、見分ける方法は簡単です。かま状になった前脚の付け根の部分が、うす黄色やうすいだいだい色をしていればオオカマキリ、鮮やかなだいだい色をしていればチョウセンカマキリです。この見分け方は成虫だけでなく、ある程度成長した幼虫でも使えます。

また、オオカマキリは森に近い場所や背の高い草原にいることが多く、チョウセンカマキリは背の低い草原や、田んぼのような開けた場所にいることが多いという習性があります。そのため、それぞれのカマキリの数を調べると、その場所の環境が分かります。もちろん同じ場所にいることもありますが、場所によっては不思議なくらいきれいに棲み分けられていますから、皆さんも捕まえてみて、どちらの種類が多いか調べてみてください。

私も橿原市昆虫館の近くであり、万葉集にも登場する香具山と藤原宮跡で調べてみたところ、森の多い香具山ではオオカマキリばかり、広い草原の藤原宮跡ではチョウセンカマキリばかりで、感心したことを覚えています。そういえば家の近所も近くに森はなく、草原と田んぼばかりでした。

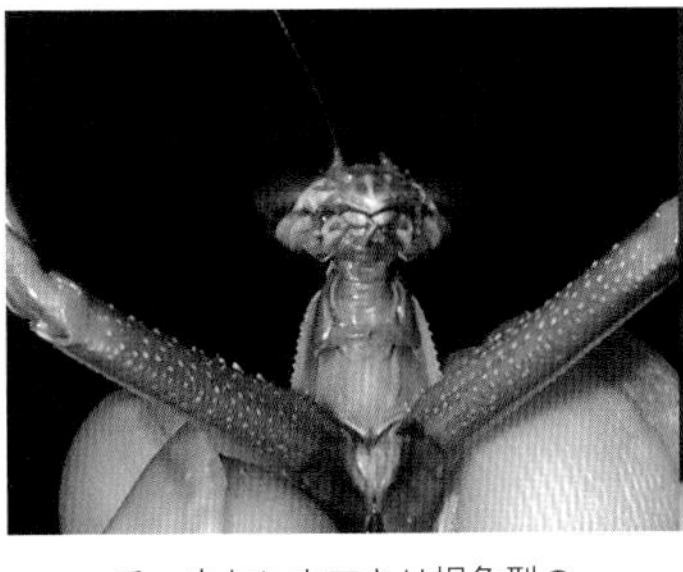
チョウセンカマキリ褐色型の
前脚の付け根の色

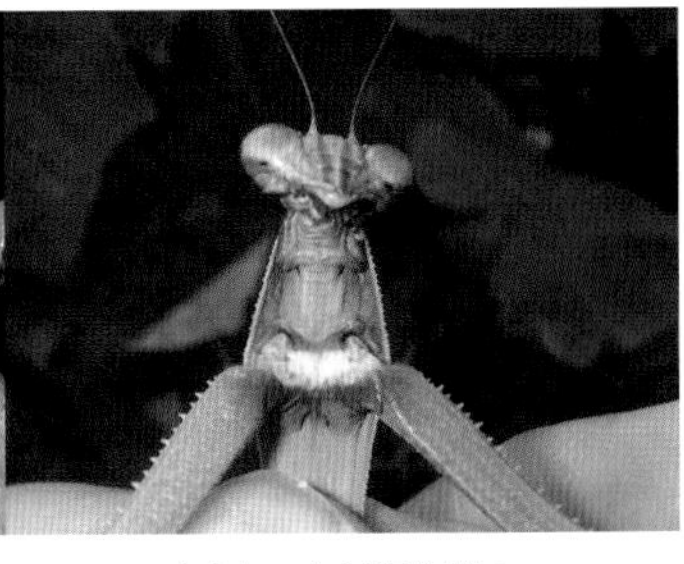
オオカマキリ褐色型の
前脚の付け根の色

ツヤクワガタのすゝめ

城《たち》 遥《はるか》
東京都多摩動物公園
昆虫園飼育展示係

インビタビリスツヤクワガタのオス

インターメディアツヤクワガタのメス

昔から私の趣味は、生き物の飼育です。クワガタムシやカブトムシなどの昆虫も飼育してきましたが、私が飼育した中で最も好きな昆虫は、ツヤクワガタの仲間になります。

ツヤクワガタは、台湾、インド、インドネシアといった熱帯アジアに広く分布しているクワガタムシのグループで、約70種が知られています。100㎜を超える大型種も含まれており、クワガタの仲間としては比較的大型のグループといえます。ツヤクワガタの名前の通り、ほとんどの種の上翅には、美しく色気すら感じる「艶《つや》」があり、大変に魅力的です。またクワガタムシとしては珍しく、黄から橙色を帯びた上翅の種も多くいます。

繁殖形態ですが、基本的に朽ち木には卵を産みません。そのため産卵させるには、種ごとに適した土を用意する必要があります。昼間も割と活動的で、部屋を暗くしなくても、比較的楽に活動を観察できます。今回はこんなツヤクワガタの仲間から、私が特に気に入っている2種を紹介します。

1種目は、ツヤクワガタの中では最大級の大きさを誇るインターメディアツヤクワガタ（*Odontolabis dalmanni intermedia*）です（独立種として扱われることもありますが、ここではダールマンツヤクワガタの亜種として扱うことにします）。

インターメディアツヤクワガタは、パラワン島やセブ島などのフィリピンの島々に分布しています。体長が105㎜を超えることもある非常に大型のツヤクワガタで、美しい艶のある漆黒の体色をしています。少し細身のボディと、すらりとした大顎とがあわさって最高にかっこいいクワガタです。胸部の中ほどから側方に張り出した棘も素晴らしく、ツヤクワガタの仲間にはありがちな特徴となりますが、メスの眼状突起が張り出して目立っているところも面白いと思います。

インターメディアツヤクワガタの飼育は比較的容易で、発酵が深く粒子の細かい市販のマットで十分飼育が可能です。昆虫ショップで見かける機会も多く、私が初めて飼育したツヤクワガタは本種だったと記憶しています。光沢が強いため、写真が撮りづらかった思い出があります。ツヤクワガタの飼育の入門としてはおススメできる種になります。

2種目は、インビタビリスツヤクワガタ（*Odontolabis invitabilis*）です。このクワガタの最大の特徴は、全身が緑から赤褐色の金属光沢を帯び、角度によって色の見え方が異なることです。大きなオスの個体でも体長が35㎜程度にしかならない小型種で、私が図鑑で知ったときには、「こんなに小さくも美しいツヤクワガタもいるのか！」と、驚きました。メタ

リックグリーンのボディが美しいことは言うまでもありませんが、「小型種である」という点は大きな魅力です。小さな体で、一生懸命に威嚇する姿は、とてもいじらしく感じます。個人的には、飼育スペースをとらない点も大変に助かります。

インビタビリスツヤクワガタですが、スマトラ島の北部、ブラスタギの近辺に分布しています。ブラスタギは標高1300mほどの場所で、赤道直下のインドネシアといえども涼しい環境になります。スマトラ島には本種以外にも多くのツヤクワガタやその他の昆虫が分布しており、いつかツヤクワガタの聖地に行ってみたい……というのが私の願いです。このように魅力的なツヤクワガタの仲間ですが、人気がないのか、飼育人口は多くないようです。ツヤクワガタの仲間はバリエーションが豊富ですから、調べてみると、きっと好みの種が見つかると思います。気に入った種がいたら、是非とも飼育してみてください。

ナガヒラタムシ

角田《つのだ》 淳《じゅん》平《ぺい》
東京都多摩動物公園
昆虫園飼育展示係

ある日、「角田くんが好きそうな虫がいたよ」と、同僚から手渡されたのが体長1㎝ほどの甲虫、ナガヒラタムシです。標本や写真では見たことがありましたが、生きている姿を見るのは初めてで、いたく感動したのを覚えています。特に珍しい昆虫というわけではありませんが、狙って捕まえるのはなかなか難しく、私は未だに自分で見つけたことはありません。

ナガヒラタムシは、コウチュウ目（鞘翅目《しょうしもく》）始原亜目《しげんあもく》ナガヒラタムシ科に分類されます。コウチュウ目は、始原亜目、多食亜目、食肉亜目、粘食亜目の計4亜目に分けられていますが、始原亜目だけ名前がやたらかっこよく思えたので、学生の頃からずっと憧れの存在でした。

ナガヒラタムシは、〝始原亜目〟の名の通り、原始的な特徴を多く残した昆虫で、脈翅類《みゃくしるい》（アミメカゲロウ目、ヘビトンボ目、ラクダムシ目）とコウチュウ目との中間的な形態を示すナガヒラタムシ科の化石も見つかっているそうです。

分類学的に重要なグループであるというのが、ナガヒラタムシの1つ目の推しポイントになります。

ナガヒラタムシは形態的にも非常にかっこいい甲虫です。

前翅《ぜんし》が特徴的で、まるで彫刻刀で彫り抜いたかのような美しくて立体的な網目模様が目を引きます。前翅にすじが入っていたり、棘が生えていたりする甲虫はいますが、ここまで美しい網目模様が浮き上がっている甲虫は、他にはいないと思います。『古代遺跡で発掘された遺物』と言われても信じてしまいそうです。

触角も同様に、古代遺跡っぽさのあるデザインをしています。体に対し、太くて長いため、遠目にも存在感があります。ナガヒラタムシは外敵に襲われると、脚を折りたたんで擬《ぎ》死《し》します。このとき触角は、前へピンと揃えて伸ばした状態で硬直しています。

よく目立つ複眼も特徴的です。複眼を覆うように後ろ側には外骨格が突出しているため、まぶたがあるように見えます。昆虫には私たちのような表情はありませんが、なんとなくボーッとした顔に見えませんか？

つやのある複眼がウルウルした瞳のようにも見え、小動物のような愛らしさが感じられます。かっこよさと可愛さを兼ね備えているのも推しポイントになります。

写真のナガヒラタムシは私が飼育していた個体です。こんなに目立つ複眼があるのだから、昼行性だと思っていたのですが、明るいうちはほとんど動きませんでした。

毎朝、餌のハチミツ水を交換していましたが、その際に少しでも刺激を与えると先述の擬死モードに入ってしまい、その日の夕方までピクリとも動かなかったこともありました。ただ、翌朝には餌皿の上にいたため、採食も夜の間にしていたことになります。

この個体はメスで、飼育下で産卵も確認されましたが、残念ながら幼虫を育て上げることができず、累代飼育には至りませんでした。再び飼育する機会があれば、今度こそは次世代を無事に育て上げ、ナガヒラタムシパラダイスを作りたいと思っています。

ナガヒラタムシの成虫は、6~8月に見ることができます。植物の上にちょこんと乗っていたり、灯火に寄って来たりします。このことを皆さんも頭の片隅に入れておいていただけたら嬉しいです。ただし、あまりがっついて探すと、私のようにいつまでたっても見つけられないことになるかもしれませんが……。

オスの背面側

最大級のガ ヨナグニサン

杉本《すぎもと》 美華《みか》

アヤミハビル館
専門員

問題

ヨナグニサンの幼虫は、脱皮した直後から、次の脱皮の直前までに、体が２倍近く大きく成長することがある。コレって、嘘？ or 本当？

答えはP.69

昆虫には、「最大」または「最長」という言葉の代名詞になるような種類がたくさんいます。実は、私が働くアヤミハビル館のある与那国島にも、「最大」と言われる昆虫が生息しています。与那国島は、東西南北に広がる日本列島の最西端に位置する有人島で、そこに生息している「最大」の昆虫の名前は「ヨナグニサン」。ガの仲間で、ヤママユガ科に分類されます。ヨナグニサンは、日本では沖縄県の八重山諸島にだけ分布しており、与那国島だけではなく、西表島と石垣島にも生息しています。鱗翅目《りんしもく》（チョウやガの仲間）の中では、前翅長《ぜんしちょう》（翅《はね》の根本から翅頂《しちょう》までの長さ）が日本最長で、オスで10〜11・5㎝前後、メスで11〜13㎝になります。展翅した標本は、Ａ５サイズほどの大きさになります。体重も産卵前のメスで７ｇ前後もあり、鱗翅目の中では最重量になるため、名実ともに最大級のガと言えます。

ヨナグニサンは、与那国方言では「アヤミハビル」と呼ばれています。「アヤミ」は「美しい模様の」という意味で、「ハビル」が「チョウやガの総称」を意味します。つまり「美しい模様のチョウ（ガ）」という意味です。

アヤミと呼ばれる美しい模様は、翅に顕著に現れています。背面側の地色は明るいレンガ色で、白や黒などの曲線的な模様があります。前翅頂《ぜんしちょう》の部分は、黒や灰色の色彩に、赤や

メスの腹面側

オレンジが加わることで、ヘビの横顔のように見えます。
前後の翅の中心部には、オスは三角形、メスは台形（雫型）の模様があります（個体によってはさらに細楕円形の模様もあります）。この部分には鱗粉《りんぷん》がなく、翅の膜が露出して透明になっているため、背景の色が翅の一部のように透けて見えます。

腹面側の地色は、背面よりも暗色系になりますが、白や濃淡のあるピンクの鱗粉により鮮やかに彩られています。前翅頂も、淡いピンクや乳白色の色使いで、ヘビの横顔のような模様となっています。このように、翅の表裏で模様のパターンは似ていますが、写真で見ても分かるように、鱗粉の色彩が微妙に異なります。この微妙な繊細さが、私たちを惹きつける魅力となっています。

またヨナグニサンは、翅だけではなく、胸部から腹部にかけても素晴らしい模様があります。多くの鱗翅類の場合、模様といえば翅のことで、たとえ胸部や腹部に模様があったとしても、帯状や線状の単純なものがほとんどです。

しかしヨナグニサンには、各腹節の側面、腹側面、腹面に異なる大きさの白い環状の模様があります。

側面の環は気門を大きく囲むようにあり、腹面の環も同様に大きな模様になっています。一方、側面と腹面の間に位置す

メスの腹側面

る腹側面の環は小さめの模様になっています。胸部側面も腹部気門の環の延長線上に位置するように模様が現れます。一見すると、この模様は幼虫の腹脚の跡のようですが、数や位置から考えると、これでは説明がつきにくいと言われています。

このようにヨナグニサンの大きくて美しい姿に、人々は昔から魅了されてきました。そのため与那国島では、ヨナグニサンが土産物として乱獲され、絶滅寸前まで減少した時期もありました。しかし1985年に沖縄県の天然記念物に指定されたことがきっかけで、島全体で保護増殖活動が大規模に実施されました。その結果、絶滅の危機を回避することができたのです。

今では成虫の発生シーズンになると、運が良ければ立派な姿を見ることができるようになるまで個体数が回復しました。

ヨナグニサンの複雑で美しい模様の意味を考えることも学術的には必要かもしれませんが、本書では模様の記載や進化学的考察をするつもりもなく、純粋に「キレイだからイイの！」とお伝えします。

答え：本当です。5齢から6齢に脱皮してすぐの幼虫の個体（写真左）と、マユ作りを始める直前の6齢幼虫の個体（写真右）を比べると一目瞭然です。6齢はそれほど暴食なのです。

① ミヤジマトンボ / 成熟雄
（坂本　充）
② モリチャバネゴキブリ
（渡辺 良平）
③ マツムシ（奥山 清市）

昆虫の魅力と楽しみ方

いもむしの脱皮

永田《ながた》 涼花《すずか》
(公財)宮崎文化振興協会
大淀川学習館
技師

全ての殻を脱ぎ捨てた
セスジスズメの幼虫

私はいもむしが大好きです。むっちりとした体に吸盤のように吸い付く腹脚。おしりが開いて、ウンチがころんっと転がり落ちる瞬間まで大好きです（笑）。こんな私ですから、どんな姿のいもむしも大好きなのですが、中でも一番のお気に入りは脱皮をする瞬間です。

私が脱皮の瞬間を、最初から最後まで初めて観察したのは、大学生のときでした。卒業論文のために、脱皮直前のセスジスズメの幼虫の体重を量っていたときです。唐突に、脱皮の瞬間をじっくり見てみようと思ったのです。

そろそろ脱皮しそうな個体をひたすら観察し、1時間が経過したときです。幼虫の体に変化が表れました。体の表面にシワが寄りはじめ、薄い皮の下で模様がどんどん前にずれていったのです。しばらくすると頭殻《とうかく》のすぐ後ろの皮がめりっと破れ、中から新しい頭殻が出てきました。そして5分ほどで全ての殻を脱ぎ捨てたかと思ったら、最後に尾角《びかく》（幼虫の尾の先にある突起）が、ぴんっと古い殻の中から跳ね上がって出てきたのです。

脱皮直後の頭殻や尾角、お尻は緑色で瑞々しく、とても感動したのを覚えています。そして同時に、この感動を他の人とも共有したいと思いました。

模様がどんどん前にずれている脱皮中のセスジスズメの幼虫

その後、私は教育実習で中学校に行くことになりました。最終日に虫の話をする機会をいただいたので、虫の脱皮について話をすることにしました。生徒の大半は、脱皮はヘビがするものという認識で、虫も脱皮をすることに驚いていました。脱皮の映像を見せると、生徒たちが真剣に映像に見入っているのが伝わってきます。息をのんで脱皮の瞬間を見守り、そして最後に尾角がぴんっと跳ね上がったところで、小さく「わっ！」という声や「すご……」という声が聞こえてきました。

このような機会がなければ、生徒たちは虫が脱皮することや、この小さな感動を覚えることはなかったと思います。知らなくても困ることではありませんが、なんだかもったい

新しい頭殻が出てきた脱皮中のセスジスズメの幼虫

ない気がします。ですから私は、少しでも周りの生き物に興味を持つきっかけになればと思うのです。

現在、大淀川学習館に勤め、子どもから大人まで幅広い年代の来館者の方々に、生き物についてお話をしています。展示している生き物の面白い行動や可愛らしいポイントについて説明すると、驚かれたり、じっくり観察を始めたりと、興味を持ってもらえます。

そしてこれをきっかけに、身近な自然を意識し、小さな発見や感動を見つけてほしいと思うのです。少しでもそのお手伝いができるように、私自身も日々生き物を観察し、学んでいかなければと思っています。

ゴキブリとの出会いと魅力

角田《つのだ》 淳平《じゅんぺい》
東京都多摩動物公園
昆虫園飼育展示係

モリチャバネゴキブリ

ゴキブリは、ゴキブリ目に属する昆虫の総称です。体の厚みが薄いものが多く、長い触角と発達した脚をもちます。全世界で４６００種ほどが知られていますが、屋内性で害虫とされる種は数える程度しかいません。私たちにとって一番身近なゴキブリが、害虫に含まれる仲間なだけで、世界には害虫ではないゴキブリの方が圧倒的に多いのです。大部分のゴキブリは、森林で落ち葉や朽ち木を食べて暮らしている、自然界のお掃除屋さんです。色彩の派手な種や大型の種もおり、最近では日本でもペットとして飼育する人がいるほどです。

ゴキブリの多くは日陰でこそこそと暮らしています。そのためなかなか私たちの前には現れませんが、一旦、家の中に現れようものなら「ぎゃー！」と叫ばれ、あっという間に雑誌やスリッパの裏で潰されてしまいます。このためゴキブリは実にふびんな生き物に思えるのです。

ではなぜ、ゴキブリはここまで嫌われてしまうのでしょうか？　私は動きが速すぎるせいだと思っています。私たちは目で追えないほどのその速さに恐怖し、予想のつかない動きに翻弄《ほんろう》され、いつしか嫌ってしまったのです。

かくいう私自身も物心ついたときにはすでにゴキブリが嫌いでした。幼い頃の私は昆虫全般が苦手だったのですが、ゴキブリにはとび抜けて嫌悪感を抱いていました。やはりその俊足さが原因だったと思います。世界には動きの速くないゴキブリもたくさんいますが、一度嫌いになってしまったものを好きになるのは難しいものです。その稀有《けう》な例として、私がゴキブリ好きに転じた出来事を紹介させていただきます。

幼少期は昆虫嫌いだった私も、大学生の頃にはすっかり昆虫好きになっていました。それでも相変わらずゴキブリだけはだめでした。

転機は大学でボランティアスタッフをしている最中に訪れます。屋外に電源を引っ張るため、私は生け垣の下をほふく前進しながら作業をしていました。無事に生垣の向こう側に抜けたときです。立ち上がった自分の洋服に、金色に輝く昆虫がたくさんついていたのです。カサカサと動き回る様子も可愛らしく、「なんという虫だろう?」と１個体をつまみ上げて仰天しました。それはモリチャバネゴキブリというゴキブリだったのです！

モリチャバネゴキブリはお馴染みチャバネゴキブリと近縁な１㎝ほどのゴキブリです。林床などに生息していますが、見た目はチャバネと非常に似ています。しかし、そのときの私には本当に金色に見え、ゴキブリのイメージが一新されたのです。かくして私は、モリチャバネゴキブリ数十個体との奇跡的な接触により、ゴキブリ嫌いを克服したのでした。

ゴキブリは非常に魅力的な昆虫です。ゴキブリの姿をまじまじと見たことのある人は少ないかもしれませんが、彼らは非常に愛らしい外見をしています。長い触角、とげの生えたたくましい脚、美しい翅脈《しみゃく》（翅《はね》に筋のように走っている脈）、どれをとっても魅力的です。

クロゴキブリの首

そんな多くの魅力の中でも、私が特に推したいのが「首」です。ほとんどのゴキブリは頭部が前胸背板の下に隠れているため、上からでは首は見えません。横から、あるいは正面から見たときにだけ、ちらっと見えるのです。特に餌を食べたり、脚をなめて掃除をしたりしているときには首を伸ばすためよく見えます。自分にだけ隙を見せてくれたようなドキドキ感とでもいうのでしょうか、一度見たら忘れられないと思います。

世の中にゴキブリ好きが増え、人類とゴキブリの未来が少しでも明るくなることを願って止みません。

ピッタリはまる精巧な形

腰塚《こしづか》 祐介《ゆうすけ》

足立区生物園
昆虫飼育担当

横から見たヤエヤマトガリナナフシ

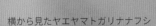

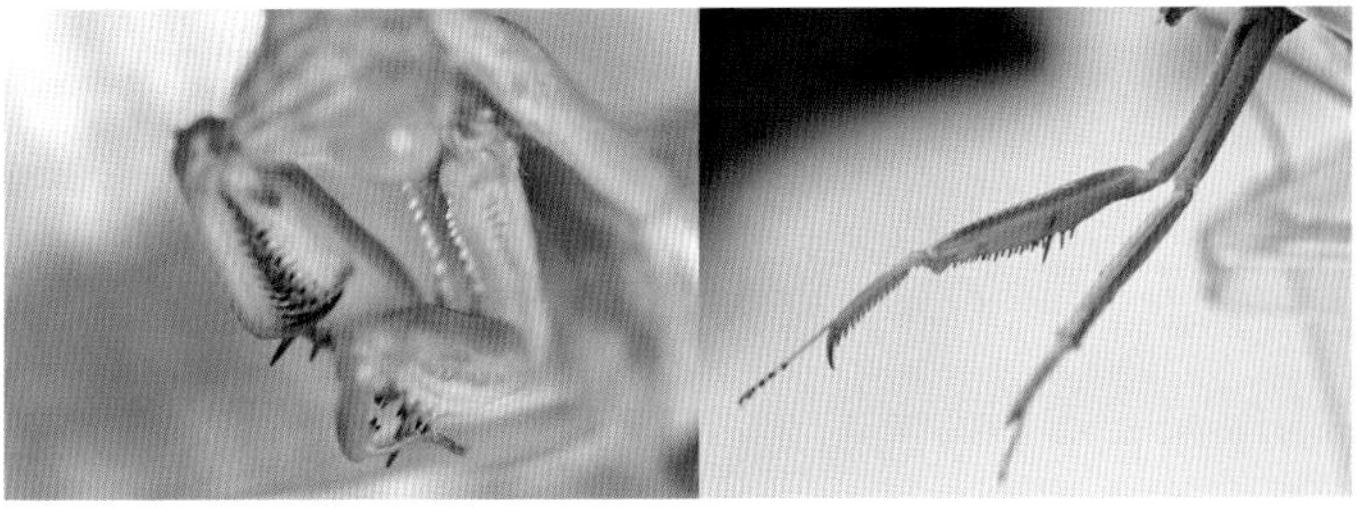

昆虫は種類が多く、体の形も多様です。しかしどの昆虫も、外骨格と呼ばれる硬くて頑丈な表面に覆われています。昆虫の体全体は、この発達した外骨格で支えられているのです。しかも外骨格には、機能的とも言える見事な仕組みが備わっています。ここでは、「カマキリ」と「ナナフシ」で、私が発見した「体の一部がピッタリはまる精巧な形」について紹介します。

カマキリの仲間

カマキリの前脚は鎌のような形状をしています。これは獲物を捕まえるために発達したものです。右上の写真のように、腿節《たいせつ》と脛節《けいせつ》に並んだ2列のたくさんのトゲで、獲物を挟み込んで捕まえています。脛節の先端は長く伸びており、一見閉じた時に腿節とぶつかってしまいそうな造りをしているのですが、不思議なことにカマキリは前脚をしっかりと閉じることができます。

腿節を観察するとわかるのですが、内側にわずかな窪みがあり、そこに頸節の先端が、ピッタリと収まるようになっています。じっくり見ないと気が付かないわずかな窪みですが、これのおかげで小さな獲物や細い獲物の脚などを自在に掴むことができるのです。小さいけれども、カマキリが生きていくためにはとっても大事な部分と言えます。

ナナフシの仲間

ナナフシの仲間は、枝に擬態することで身を守っています。そのため、体や脚が、枝のように細長い造りをしています。

この脚ですが、よく見ると前脚だけ腿節の形が違います。上の写真を見てもわかるように、単純な直線ではなく、根元付近でわずかにカーブを描いて細くなっ

オオカマキリの前脚

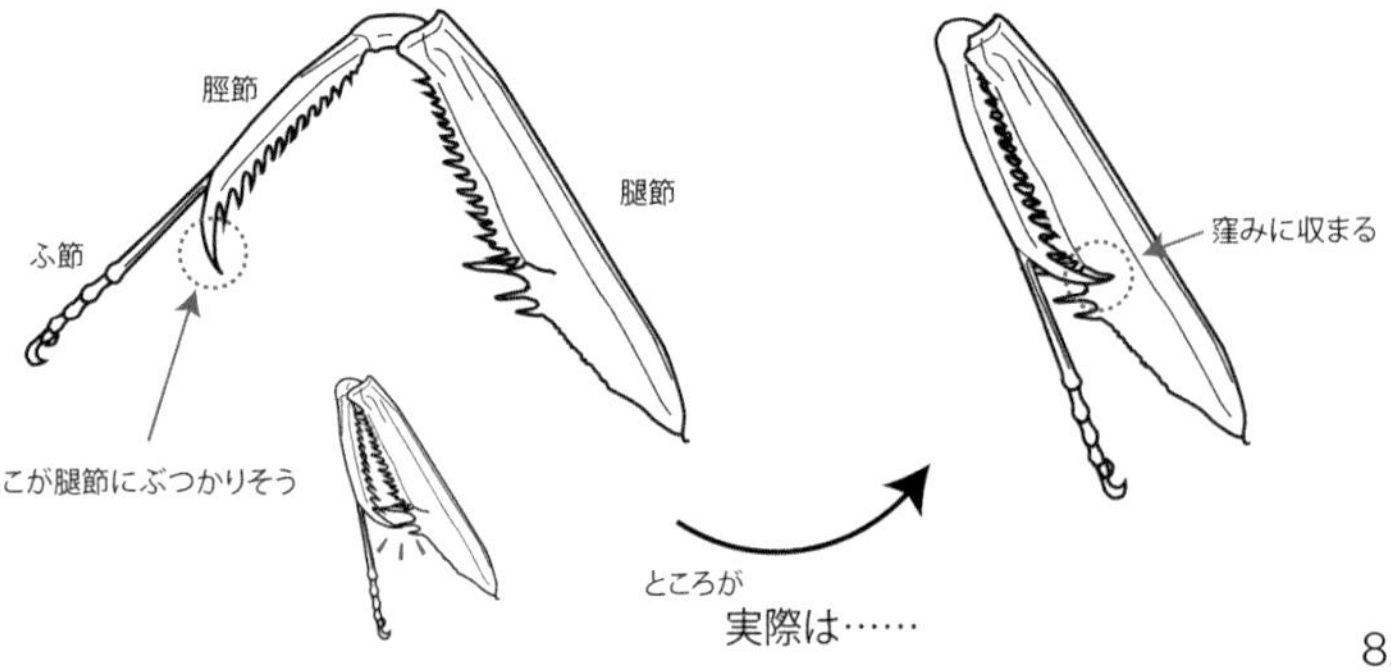
脛節
腿節
ふ節
ここが腿節にぶつかりそう
ところが
実際は……
窪みに収まる

ているのです。なぜ前脚だけ？と思ったのですが、擬態のポーズを見て納得しました。ナナフシは、前脚を頭の上にピンと伸ばして静止し、枝に擬態します。中脚と後脚を除き、腹部から前脚の先端まで一直線になるわけです。実はこのポーズのときに、前脚のカーブが活きてきます。なんとカーブの部分に、頭部がピッタリと収まるのです。写真を見てください。横や裏から見ても隙間がないという精巧さ。思わず感心してしまいました。もし前脚が中脚や後脚と同じ形をしていたら、頭部とぶつかっていました。このカーブのおかげで、上下左右どこから見てもまっすぐな枝にしか見えない、見事な擬態で天敵から身を守っているのです。

このような形態は、昆虫が環境に適応して生き残るために獲得したものと考えられています。長い時間をかけて洗練されてきたからこそ、職人技のように精巧な作りになっているのです。

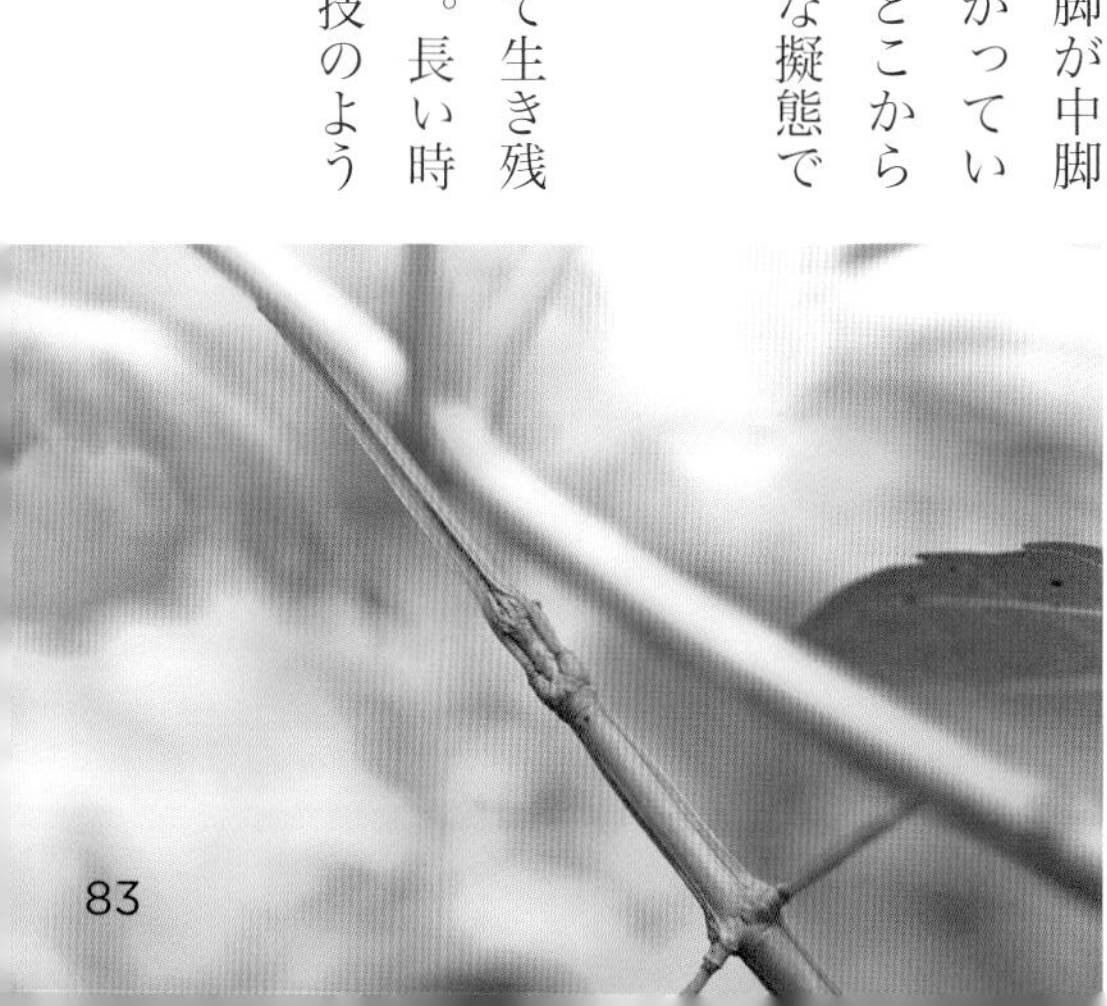

フンのコレクション

角正《かくまさ》 美雪《みゆき》
伊丹市昆虫館
学芸員

伊丹市昆虫館では、たくさんの昆虫のフンを収集しています。いまではフンの標本収蔵種数は、約250種にもなりました。ここではその一部を紹介したいと思います。

昆虫の体と排泄について

昆虫は食べものを口から取り込むと、胃や腸で消化し、栄養を吸収した後、のこりカスをフンとして排出します。いっぽう体内（体液）の老廃物（タンパク質）は、分解していく途中でアンモニアという有毒な物質になるため、尿酸に変換して体外へと排出しています。これがヒトでいうおしっこに相当します。昆虫の場合、尿酸はマルピーギ管という器官で作られ、腸につながってフンと一緒に排出されます。このため昆虫のフンは、「うんことおしっこ」が一緒になったものになります。

ヒトのおしっこに例えた昆虫の尿酸は、固体または半固体の水に溶けにくい物質で、ほとんど水

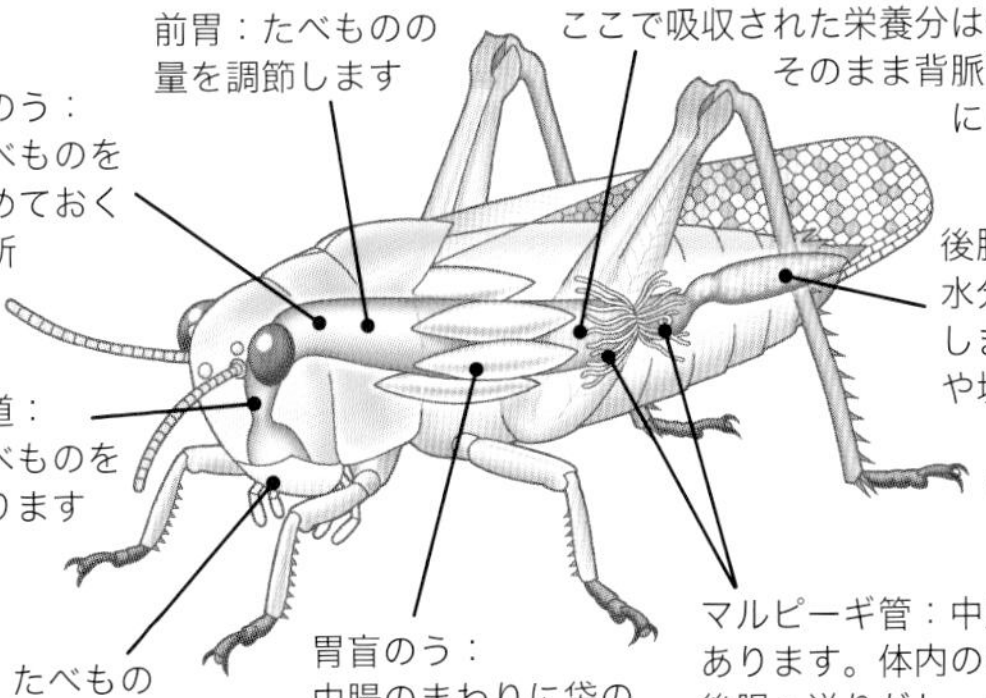

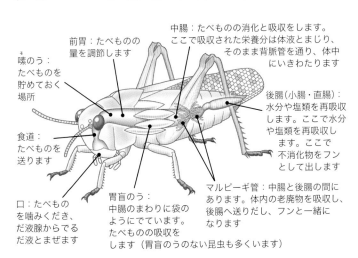

中腸：たべものの消化と吸収をします。ここで吸収された栄養分は体液とまじり、そのまま背脈管を通り、体中にいきわたります
前胃：たべものの量を調節します
嗉《そ》のう：たべものを貯めておく場所
後腸（小腸・直腸）：水分や塩類を再吸収します。ここで水分や塩類を再吸収します。ここで不消化物をフンとして出します
食道：たべものを送ります
マルピーギ管：中腸と後腸の間にあります。体内の老廃物を吸収し、後腸へ送りだし、フンと一緒になります
胃盲のう：中腸のまわりに袋のようにでています。たべものの吸収をします（胃盲のうのない昆虫も多くいます）
口：たべものを噛みくだき、だ液腺からでるだ液とまぜます

トノサマバッタの消化・排泄器官のからだのつくりの概略図

分を使わないで排出することができます。鳥類や爬虫類はどの種類も同じです。ちなみに哺乳類は尿素、魚類や両生類はアンモニアとして排出しています。近年の研究によると、様々な昆虫で、窒素代謝物（体内の老廃物のひとつ）を尿酸として体外へ排出する前に、体内で別のことに「再利用」していることがわかってきました。

フンの収集と保存について

昆虫のフンの収集方法は、自然界から採集するというよりは、飼育の過程で採集します。採集したフンは、必ず乾燥させます。これはエサののこりカス以外に、吸収されなかった水分などが含まれているからです。乾燥機でじっくり乾かすと、水分を多く含むガやチョウのフンは、びっくりするほど小さくしぼんでしまいます。

昆虫標本と同じで、フン標本の保存においてもカビは大敵です。ちょっとでも湿り気が残っていると、いつの間にかカビが生えてしまい、せっかくのフン標本が展示できない状態になってしまいます。また、定期的にチェックすることも重要です。このように大切に保管されているフン標本は、なんと約250種にまでになりました。

ただ、昆虫の食性によって、収集できないフンもあります。液体のエサを食べる昆虫のフンは、水のようなフン（おしっこのよう）なのです。例えば、木や草の汁をすうセミやカメムシの仲間、花のミツや樹液がエサのチョウやカブトムシ、クワガタムシの成虫などです。これらのフンは集めることができないため、映像で記録するか、ろ紙などで吸い取るぐらいしかできません。

フンの形のいろいろ

フンの形は種によって様々です。これは体型やフンを形づくる直腸の形によって決まるようです。それでは昆虫のフンを、カテゴリー別に紹介します。

おもにバッタの仲間やトンボにみられる形

ほそながうんこ

オニヤンマの成虫

ウスバカミキリの成虫

トノサマバッタの成虫

ショウリョウバッタの成虫

カブトムシなどの幼虫にみられる形

ながしかくうんこ

カブトムシの幼虫

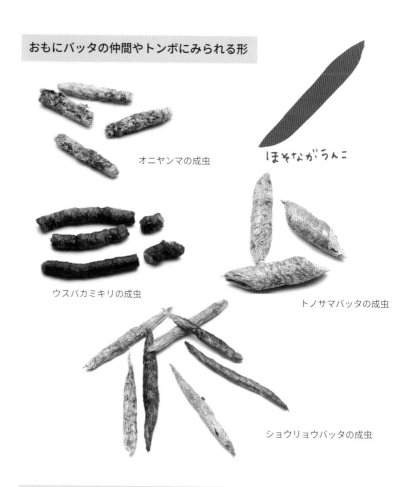

さまざまな昆虫にみられます。
まん丸、ほそ長い丸、ぺちゃんこ丸
など形もいろいろ

ゴマダラチョウの幼虫

オオカマキリの成虫

オオゴキブリの成虫

コクワガタの幼虫

くねくねうんこの代表はナナフシの
仲間です。ひとつひとつ形が違います

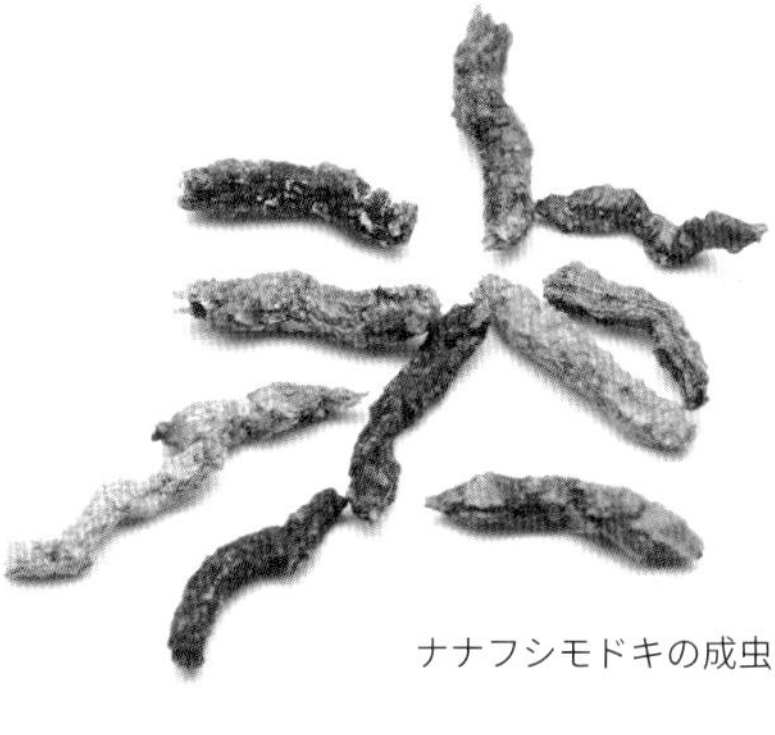
ナナフシモドキの成虫

キベリハムシの幼虫

一部のガの仲間の幼虫にみられる形です。
断面がお花のようです。

ヤママユの幼虫

クロメンガタスズメの幼虫

エビガラスズメの幼虫

アゲハの仲間や一部のガの仲間の幼虫に
みられます。

ミヤマカラスアゲハの幼虫

アオスジアゲハの幼虫

ヒロヘリアオイラガの幼虫

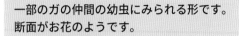

これからも続く、フンのコレクション

生き物は、食べて、フンをする。当たり前のことですが、伊丹市昆虫館の飼育室では、昆虫の成長と健康を観察するうえで、重要な手がかりとして活用しています。「脱皮前はフンの量が少なくなるのか？」「成虫になるまでのフンの総量は？」など、皆さんも自由研究などの機会に飼育観察の記録として調べてみるのも面白いと思います。

「フンの研究なんて、臭くて汚い」と思われがちですが、形状をよく見ると、きれいで面白かったりもします。実はカイコの幼虫のフンは、中国では漢方薬として利用され、ラオスではお茶として飲まれていたりするのです。知っていましたか？　また昆虫のフンを使って染色もできるのです。ダンゴムシのフンからは抗カビ物質が発見されました。このようにフンも捨てたものじゃあないのです。私も、まだまだ集めていない種のフン、理想型のフンを求めて日々、飼育します！

【参考文献】
「新応用昆虫学」　斎藤哲夫ほか　朝倉書店　2000年
「昆虫の特異な窒素再利用システム」平山力　化学と生物　Vol.41,No.3,2003
「むしのうんこ」伊丹市昆虫館編　柏書房　2005年

マツムシの採集

坂本《さかもと》　昇《のぼる》
伊丹市昆虫館
副館長

マツムシは、『虫のこえ』の童謡で知られる鳴く虫の仲間です。

マツムシはスズムシに近いグループの鳴く虫で、大きさや形はスズムシに似ています。スズムシが黒い体色なのに対し、マツムシは薄茶色です。

マツムシの鳴き声は、歌では「ちんちろちんちろ　ちんちろりん」と、なんだか軽やかで楽しげですが、実際の声は、「ピッ、ピリリッ」という鋭く高い音です。大阪ではこの声を〝てっちりり〟と人間の言葉に置き換え、「そろそろ、てっちり(鍋料理)の季節だなー」と言っていた、ということを学生時代に参加した観察会で教わりました。

昆虫館に採用された翌年、はじめて企画展の担当を任されることになりました。『秋の鳴く虫展』です。展示する鳴く虫は、普段飼育している種ではないため、採集してこなければなりません。その中で最も苦労したのがマツムシでした。

私の行動範囲にいるマツムシは、それほど密集して生息していないため、夜に鳴き声を頼りに懐中電灯で照らして探すしかないのです。

マツムシは、ススキなど丈が高い草むらの茂みの中、それも根元近くの茎や枯れた草の上にいます。澄んだ音の鳴き声は遠くまで響くため、茂みの中から声は聞こえるのですが、自分のいる位置からの正確な距離が分かりづらいため、位置を特定できません。たとえ茂みの奥にいることが分かっても、そこまで到達するのが至難の業。少しでもガサゴソと草をゆらすだけで危険を感じて鳴くのをやめてしまいます。そのため草むらでマツムシがたくさん鳴いていたとしても、広大な茂みが広がっているような場所では採集できないのです。逆に草むらが途切れ途切れになっているような場所や、途中まで草刈りがされているような場所は、草むらの端の方で鳴いていることがあり、入り込みやすいため、狙いやすい採集場所になります。

奥山清市氏 撮影

マツムシを探すときのポイントですが、私は耳に手を当て、首を振りながらどの方向で鳴いているのかを最初に確認します。鳴いている場所が分かったら、慎重に草をかき分けながら、その方向に進んでいきます。ある程度進んでも見つからないときは、いると予想した一帯の横側にまわりこんで、懐中電灯の光を頼りに位置を特定します。マツムシが鳴くのをやめてしまうと見つけることができなくなるため、息を潜めて静かに草をどけながら、光を当てて探す作業は真剣そのもの。一対一の勝負をしているような気分になります。草むらの中は枯れた草が幾重にも重なり、マツムシも枯れ草のような薄茶色で紛らわしいですが、体は隠れていても鳴くときの翅の動きや、葉陰から出ている長い触角が手がかりになります。

このように苦労して位置を特定しても、マツムシと自分の間にはたいていい幾つもの草が立ちはだかっていますし、地面にいることがめったに無いため、上から網をかぶせても下から逃げられます。捕虫網ですくい捕れればよいのですが、草が邪魔して網が入らない場合には、手づかみで捕まえるか、枯れ草などで刺激して歩かせ、容器などに追い込みます。しかしこの方法では短時間でたくさん捕獲できることは稀で、1時間に2匹採集できれば上出来、ということもしばしばです。

私は、毎年このような方法で採集してきたのですが、たくさんのマツムシが密集して棲息している場所では、ここまで苦労しなくても捕れてしまいます。そんな場所では、草を踏みつけると、マツムシがピョンピョンと草の上に出てくることがあるからです。やはり昆虫採集では、場所探し、場所選びが大切だということです。

他の昆虫館のスタッフに鳴く虫の採集について聞いたところ、たくさんいる場所の草を刈って空き地を作り、周りから人の手で追い込んで捕まえる方法もあるそうです。それに比べると懐中電灯で一匹ずつ探す採集法は、仕事としてはあまり効率の良いものではありませんが、草むらに手を加えるのは最低限で済み、一人でも可能です。しかもマツムシの生息場所や動き方を自らの目で確認することができますし、何より達成感があります。鳴く虫の展示をする限り、私は今の捕り方を続けていることでしょう。

ムシノツカイ

百野《ももの》 直実《なおみ》
広島市森林公園こんちゅう館
主任

〝昆虫館の人〟は、虫と人とをつなぐ懸け橋。名前をつけるとしたら、「ムシノツカイ」とでも言いましょうか。「虫を知りたい人」がいてくれるおかげで、こんな私でも「ムシノツカイ」になれたというお礼も込めて、ここに「ムシノツカイ」の活動について綴りたいと思います。

子ども編

保育園に出向き、「むしとあそぼう」という講座を、かれこれ20年続けています。これまでに約100園20万人の園児や先生たちと一緒に虫と遊んできたことになります。

この講座を始めた当初は、昆虫館にウキウキ気分で虫と会いに来てくださる子どもたちの笑顔が普通だと思い込んでいたため、恐怖に怯え、泣き出す園児までいることに衝撃を覚えたものです。「一般的に虫は嫌われもの！」ということを改めて思い知り、敵陣に一人乗り込んで、あたふたと汗をかいているだけという状況で講座を続けていました。

そんな中、園児や先生たちが、私に話しかけてくれていることに気づいたのです。「虫が怖いという気持ちを聞いて欲しい」「初めて虫にさわって、虫の話を聞いていたら興味が沸いた」など、一つ一つの声に耳を傾け、答えていくうちに、キラキラした目で虫を見る人が増えていきました。ほんの少しだけ虫に詳しい私が、「虫入門」の先生として人の役に立てるとは！　もっともっと虫のことを子どもたちに伝える知識と術を身に付けたいと目覚めたのです。20年前は、昆虫館の存在すら知らない子どもたちばかりでしたが、今では「将来の夢は昆虫館の人」という子どもがいることに、続けてきて良かったと思います。

大人編

昆虫館に勤めていると、昆虫愛と知識に溢れた大人の虫好きさんにたくさんお会いします。写真を撮ったり、採集や飼育をするのが好きな「趣味系虫好きさん」。お子さんが虫好きで、昆虫館に一緒に通っているうちにいつの間にか親の方がメインになってしまった「伝染系虫好きさん」。昆虫館の職員同士などから成る「お仕事関係系虫好きさん」などがいます。虫好き同士でマニアックに花咲く虫談義など、素敵な？　関係だと思います。

昆虫館には虫好きさんだけでなく、虫に困っている害虫相談もやってきます。

このケースで一番困るのが、対象の虫が正体不明なことが多いこと。虫は小さくて素早いため、どんな虫だったのか正確に捉えられない。または気持ち悪くて捕まえられない。「こんな感じ」「こんな痕跡」というイメージだけの会話から、虫の正体を突き止め、駆除する方法を質問者の方と話し合いながら解決していくという、難題なミッションに奮闘しないとならないのです（最近はスマホが浸透しているため、写真を依頼することが多くなりました）。とはいえ、ここが腕の見せ所？　このおかげで、判断力と対内外へのコミュニケーション能力、対話スキルが相当磨かれたように思います。

私の経験ですが、皆さん、見たものを誇張しがちな傾向にあります。実際のサイズよりも大きく、実際の色よりもカラフルに映るみたいです。「20㎝はあった！（そんな虫は日本にいません）」「体中に針金が刺さっているような……」「目玉が20個くらいある」などです。

写真は、「脚だらけのサソリのような新種を発見した！」とのご相談をいただき、送ってもらったものです。結論から言うと、これは釣り用のルアーでした。ルアーとわかるまでネットの画像検索を駆使して2日もかかりました。画像があってもこの有様です。


昆虫館に勤務して30年が過ぎました。その中で気づいたのは、「虫を知りたい人を見ることが大好き」ということです。「好奇心に応えたい」「もっと虫のことを伝えたい」という気持ちが膨らんで、〝虫を知りたい人〟と〝昆虫館〟とを結び付けることが生きがいになりました。虫を知りたい人のために。皆さんに虫を知ってみたいと思ってもらえるように。人と虫の縁を繋ぐ「ムシノツカイ」、最高にお気に入りの職業です。

新種発見？

ヤマトマダラバッタ

辻本《つじもと》　始《はじめ》

橿原市昆虫館

係長（学芸員）

「ヤマトマダラバッタ」という名前を、聞いたことがない人は多いと思います。

それもそのはず、このバッタはどこでもいるわけではないのです。海辺の砂浜、しかも自然の砂浜が残っている場所にしか生息していません。最近の砂浜は開発や埋め立て、護岸などにより急速に失われているため、ヤマトマダラバッタもどんどん姿を消してしまい、今や各地のレッドリストに掲載される存在になってしまいました。見た目の色は地味ですが、そんなこともあり、出会えると跳び上がるほどうれしくなります。


2018年9月、私は約30年ぶりに鳥取県に行きました。鳥取市の市街地に用があったのですが、せっかくなので鳥取砂丘に行ってみようと、バスに乗って足を伸ばすことにしました。

約30年ぶりに見た鳥取砂丘は相変わらずスゴイ砂の山で、砂丘を歩いて海まで行くことにしました。意気揚々と歩いていると、たくさんの観光客が歩いている場所とは少し外れたところに、何やらロープで囲まれたエリアが。説明板が立っており、それによると、「エリザハンミョウ」という、河口や海岸の湿った砂地に棲む希少な昆虫の生息場所を保護しているとのこと。この場所に、ハンミョウの仲間のエリザハンミョウがいるのかと、少しの間ロープの外から見ていたのですが、残念ながら見つけることはできませんでした。

それでもしばらく見ていると、ロープの周辺に何種類かのバッタがいることに気がつきました。よく見ると、その中に「ヤマトマダラバッタ」がいるではありませんか。私はハンミョウよりバッタの方が好きなので、エリザハンミョウよりはヤマトマダラバッタなわけです。幸いにして、ロープの外のエリアにも何匹かいるのが見えます。私はなんとかヤマトマダラバッタを写真におさめようと、かがんだ姿勢でカメラを構え、そうっと、そうっと近づくのですが、すぐに気配を悟られて飛んで行ってしまいます。

もちろんそんなことではくじけず、何度も繰り返し挑戦していたので、他の観光客からは、変な人に見えたと思います。しかしそんなことは、昆虫屋さんならよくあることなので気にはなりません（正直に言うと、気にはならないこともないのですが、悪いことをしているわけではないと、自分自身に言い聞かせて我慢します）。

しばらくねばってなんとか気に入った写真が何枚か撮れた頃です。私が「生き物好き」のオーラを出していたからでしょうか、近くで作業をしていた方が「何かいますか？」と、声

を掛けてきたのです。
その方は、エリザハンミョウの保護活動をしている方で、「最近はエリザハンミョウが少なくなって心配」とか「ヤマトマダラバッタは、結構たくさんいる」とか、興味深い話をいろいろと教えてくださいました。

その後、砂丘を越えて海まで行ったのですが、まだ暑さの残る9月の炎天下に長時間いたせいでしょうか、次の日に体調を崩してしまうというオチがつきました。夢中になると時間を忘れてしまいがちです。皆さんも気をつけてください。

蛇足ですが、鳥取砂丘の観光地となっているエリアの大部分は、国立公園の特別保護地区になっています。生き物の捕獲はできませんのでご注意ください。

私が魅了された『超（チョウ）能力』

茶珍《ちゃちん》　護《まもる》
群馬県立ぐんま昆虫の森
昆虫専門員

シークヮーサーに産卵中のシロオビアゲハ

チョウは、卵→幼虫→蛹→成虫と成長します。この過程で重要となるのが、移動能力が最も高い成虫である母チョウが、植物を選び、産卵する行動です。植物選びを誤ると、卵から孵《かえ》った幼虫が、食草にありつけず、生きていくことができないのです。なぜなら、チョウの幼虫の多くは偏食で、モンシロチョウならアブラナ科植物、アゲハチョウならミカン科植物と限られた植物しか食べられないからです。

ではどうやってチョウは、目的の食草を見つけているのでしょうか？『匂い』でしょうか？『幼虫のときの記憶』でしょうか？　それでは、チョウの産卵の秘密にせまってみたいと思います。

母チョウが産卵し、孵《かえ》った幼虫が、繁殖能力のある成虫にまで成育できる植物を『寄主植物《きしゅしょくぶつ》』と呼びます。この寄主植物は、チョウのグループや種類ごとに異なり、例えばシロオビアゲハの幼虫は、ミカン科の植物しか食べることができません。しかも同じミカン科の植物でも、好き嫌いがあります。シロオビアゲハの幼虫は、サルカケミカンやシークヮーサーなどのミカン科植物を食草として好みますが、同じミカン科でもゲッキツは好まないのです。

一般的にチョウの寄主選択と産卵は、次のような流れで行われていると考えられています。

① 母チョウは、植物の匂い、葉の形や色などを手がかりに、寄主植物の近くまでやってきます。

② そして植物の葉の上に降り立ち、前脚で葉の表面を激しく連打（ドラミング）し、降り立った植物が寄主植物

1
視覚
嗅覚
植物のにおい、
葉の形、色などを
手がかりに
寄主植物を探す
2
味覚
前脚で葉を交互に
叩き（ドラミング）
寄主植物か判断する
3
触覚
寄主植物が
見つかると腹部を曲げ、
産卵口を葉に軽く当て産卵
する

かどうかを判断します。寄主植物でないと分かったときは、少し移動し、違う植物で同じような行動を行います。

③ 寄主植物と判断すると、腹部を曲げ、産卵口を葉の表（もしくは裏）面に軽く押し当て、卵を産みつけます。

このように母チョウは、視覚、嗅覚、味覚、触覚をフルに活用して寄主植物を判断しているのですが、その中で最も重要な行動は、前脚で葉の表面をたたくドラミング行動です。母チョウの前脚のふ節には、味を感じとることができる器官があるのです。

メスの前脚の先を拡大すると、爪のすぐ下あたりにたくさん毛のようなものが生えており、味覚感覚子《みかくかんかくし》と呼ばれる味を感じることができる器官があります。味といっても、花の蜜などの味とは異なり、ここでは植物の葉に含まれる成分を感じとります。

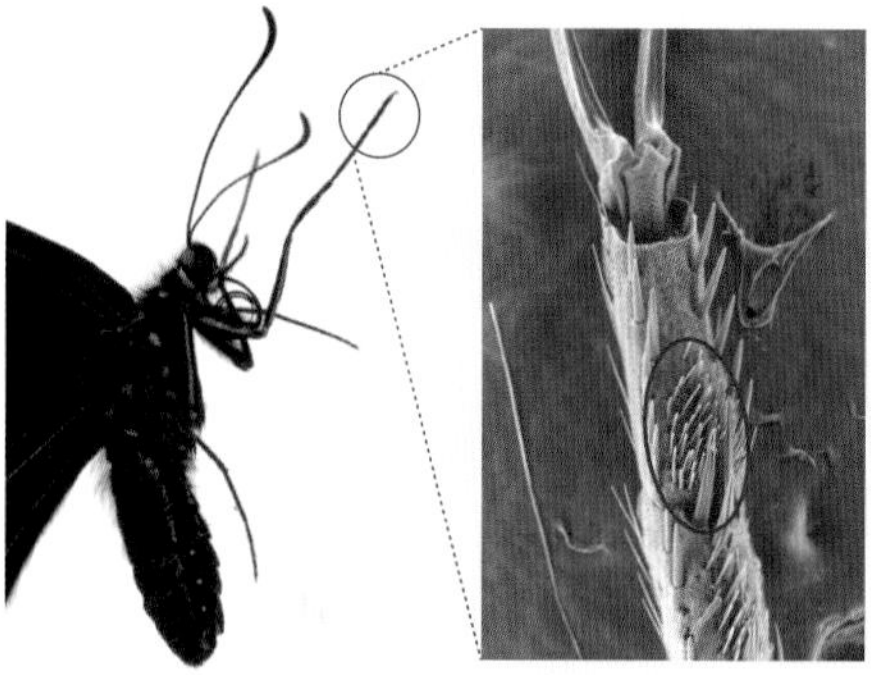

シロオビアゲハ（メス）の前脚のふ節の拡大

本当にメスのチョウが、前脚で味を感じているのか実験を行ったところ、本物の葉でなくても、シークヮーサーの葉の抽出エキスを塗った人工葉に産卵しました。しかし、水を吹きかけただけの人工葉には産卵しませんでした。このことから、葉のエキスに産卵させる何かが含まれていることが分かりました。

では、葉の成分には、何が含まれているのでしょうか？　シークヮーサーの葉の成分には、シロオビアゲハが産卵するきっかけとなる成分（産卵刺激物質）が含まれています。一方、産卵しない植物には、産卵刺激物質が含まれていないか、もしくは産卵を止める成分（産卵阻害物質）が含まれています。まれに産卵刺激物質と産卵阻害物質が同時に含まれている植物もあり、その場合は、両者の活性バランスによって産卵するか否かが決定します。

これらの成分が植物に含まれている理由は、チョウが産卵するためではありません。植物が本来自分のために蓄えているもの（栄養分や防御物質など）をチョウが寄主植物を見つけ出すために利用しているのです。

この『アゲハチョウ類の寄主選択制御物質に関する研究』は、私が大学院生のときの研究テーマでした。私にとってこの研究こそが原点であり、今の職に繋がるまさに人生の転機にもなりました。

新種昆虫発見！
ウスオビルリゴキブリ

ウスオビルリゴキブリのオス

ウスオビルリゴキブリのメス

ルリゴキブリのオス

ルリゴキブリのメス

柳澤《やなぎさわ》 静磨《しずま》
竜洋昆虫自然観察公園

謎のゴキブリ

「八重山列島与那国島に謎のゴキブリがいる！」という報告は以前からありました。情報によるとそのゴキブリは、石垣島と西表島に生息する、瑠璃色一色の翅《はね》を持つルリゴキブリに外見も大きさも似ているのだけれども、翅にオレンジ色の模様があり、ほとんどオスしか見つかっていないとのこと。

ゴキブリが大好きで、ゴキブリストを名乗っている身としては、この〝謎のゴキブリ〟の正体を確かめなくてはと、2018年に日本最西端の島、与那国島に向かいました。

静岡県から与那国島まで飛行機を乗り継いで約5時間。実際に上陸すると、地図で見るよりも大きく感じる島でした。森も多く、「これならすぐに見つかるのでは」と、採集を開始したのですが、「本当にいるの？」と疑いたくなるほど全く見つかりません。明日には別の島に移動しなければならない、

与那国島で採集したウスオビルリゴキブリの幼虫のペア

というギリギリのタイミングで、何とかオスの幼虫1匹とメスの幼虫1匹のペアを採集することができました。

上の写真を見てもわかるように、幼虫では他の種との比較は困難です。そこで飼育して、羽化させることにしました。

静岡に持ち帰り、2カ月ほど慎重に飼育を行ったところ、見事に両個体の羽化に成功。ある日、ケースの中を覗くと、翅に赤い模様を持った成虫がいたのです。それを見た瞬間、「これはルリゴキブリとは別の種類だ！」と確信しました。大きさから色まで、まったく違っていたのです。

その後、法政大学の島野智之教授にご協力いただき、ルリゴキブリとの比較と論文の執筆を開始することにしました。

形態の比較や系統解析などを行ったところ、日本産のルリゴキブリの仲間は3種に分けられることがわかり、与那国島で採集したゴキブリにウスオビルリゴキブリと命名し、発表しました。初めて羽化した成虫を見たときのあの衝撃は未だに忘れられません。

苦労の末に捕まえ、気を遣って飼育をするなど大変ではありましたが、そんな苦労など吹き飛ぶくらい、「この虫に出会えてよかった！」と思えたのです。

新種の発見と観察

新種の発見に至るまでは、いろいろなパターンがあります。いままで発見されていた種類とは明らかに違うため、詳しい人が見れば一目で新種とわかるものから、見た目はほとんど同じでも、交尾器の一部が少しだけ違っていたり、DNA解析を行うことで区別ができたりなど、詳細に観察・比較することで見つかる新種もいるのです。

昆虫は、とても身近な生き物です。皆さんも毎日のように、いろいろな種類の昆虫を目にしていることでしょう。しかしその中にも、まだ誰にも見つかっていない新種が隠れているかもしれないのです。よく見かける昆虫でも、じっくり観察してみてください。

虫採りには夢がある！

エゾアオタマムシ

オキナワミドリナガタマムシ

ゴライアストリバネアゲハ

オオヘクソドン

福富《ふくとみ》 宏和《ひろかず》
石川県ふれあい昆虫館
学芸員

〝新種！〟

虫好きにとって、この言葉の響きには憧れがあると思います。私もその一人で、小学2年生のときに読んだ『世界のチョウ』のコラムが印象に残っています。昆虫写真家の海野和男さんのルソンカラスアゲハ採集記で、「うんこをしているときに、まだ見たこともないこのチョウを見つけ、ズボンを下げたまま追いかけて、このチョウを採った」という内容です。厳密には新種発見ではありませんが、ルソンカラスアゲハのメスを世界で初めて採集したわけで、小学生だった私は興奮し、その情景を頭の中で何度も繰り返し想像しては、いつか自分も新しい昆虫を見つけてみたいと夢見るようになりました。

そんな私ですが、新種を採ったことがあります。それは、沖縄本島で採集した「オキナワミドリナガタマムシ」です。私は昆虫の中では甲虫類、特にタマムシの仲間が好きで、全国にタマムシを探しに出かけています。2003年、本格的な夏が来る前の5月下旬から6月上旬にかけて、いつものようにタマムシを採集するために沖縄本島へ向かいました。事前に沖縄にいるタマムシについては、「原色日本甲虫図鑑」のⅢ巻をくまなく読み込み、どんな種がいるのかをある程度はリサーチしてからの出発です。

何か所かの採集地でタマムシを採りながら、本部半島の丘陵地を訪れたとき、なんだか怪しい雰囲気の一画がありました。「タマムシがいるかも！」と直感的に思い、小高い丘の尾根まで登り、早速スイーピングを開始しました。スイーピングとは、小型から中型クラスのタマムシを採集するときの方法で、長竿で木の梢《こずえ》をひたすら掬い続ける修行のような採集方法です。112ページの私の写真が、まさにスイーピングをしている姿です。

朝からスイーピングを続けて握力も薄れ、疲れがたまってきたお昼ごろ、頂上の張り出し部分に、なんとなくあやしい雰囲気の植物（クスノハカエデ）を見つけました。「おやっ」と思い、その木をスイーピングして網の中を覗くと、見たこともない緑色の綺麗なタマムシが入っているではありませんか。事前に読んでいた図鑑にも載っていません。もちろん目を疑って、何度も見返しましたが、やはり網の中にその虫は入っています。思わず「あーっ」と叫んでいました。海野和男さんのルソンカラスアゲハ採集記のように、ズボンは下げてはいませんが、小学生の時の夢がかなった瞬間です。

このタマムシは2006年に新種「オキナワミドリナガタマムシ」として、自分が名前をつけて記載したはじめての昆虫になります。忘れられない思い出深い出来事です。

こんな私ですが、まだまだ注目している虫たちがいっぱいいます。例えば海外になりますが、ゴライアストリバネアゲハやオオヘクソドンも生涯に1度で良いから直接出会ってみたい昆虫になります。色や形などが独特で、とても魅力的です。

そんな中、いま狙っている昆虫がエゾアオタマムシです。日本では北海道のみに分布し、体長が2・5㎝程度と比較的大きく、緑色の金属光沢が美しい種になります。人呼んで「北の碧い彗星」。私が初めて北海道に採集に行ったのが2003年で、それから15年以上も追い続けている昆虫ですが、なかなか出会えないラスボス的な存在です。数名の知り合いがロシアで採集しており、会うたびに自慢されるのも、私のやる気を盛り上げてくれます。

北海道内で、過去に採れている場所、ロシアで採れている環境に似ている場所、過去の経験から直感的にいそうな場所、河川敷の公園など、可能性のある場所はくまなく挑戦しているのですが、未だに飛んでいる姿だけでなく、死骸などの痕跡すら見つけられていません。今でも時間があれば、航空写真や環境写真、過去の記録や他の昆虫の採集状況、地図や標本のラベルなどをネットで調べ、どうしたら見つかるのかを考えています。この終わりのない試行錯誤こそが、楽しい「夢」なのだと思います。さて、次は、どこに行こうかな？

【参考文献】

「世界のチョウ」今森光彦　小学館　1984年
Two New Species of Agrilus (Coleoptera, Buprestidae, Agrilinae) from Okinawa-Jima, Japan 福富宏和 日本甲虫学会 2006年

変幻自在のシロアリ

齊木《さいき》 亮太《りょうた》
石川県ふれあい昆虫館
学芸員

社会性昆虫の魅力

進化論の祖であるダーウィンは、「生物にとって有利な形質は残り、不利な形質は自然淘汰される」という、現在では生物多様性や進化を考えるための礎となる理論を提唱しました。しかし、この理論に真っ向から逆らう生物もいて、実際にダーウィンを悩ませたそうです。その生物とは、アリやハチなどの社会性昆虫です。

巣の中では多数派を占める働きアリやハチ（ワーカー）は、繁殖を行なうことはなく、利他的な行動（他個体の世話など）を行っています。「繁殖ができない」という、一見不利な形質を持っているにもかかわらず、種としては繁栄をしているのです。

現在では、血縁選択説という理論で、この矛盾とも思える問題に説明がされています。詳細は割愛させていただきますが、社会性昆虫は各個体が分業することで高効率となり、個体に利益をもたらすため、高度な社会性が維持されると考えられています。

行動や形、寿命までもが異なる個体が協働している社会性昆虫。実は、単独性の昆虫からは想像もつかない、驚くべき能力や特徴を持ち合わせているのです。

ルール無用のシロアリの能力

多くの読者の方は、社会性昆虫というと「アリ」や「ハチ」を思い浮かべると思います。それ以外にも「アブラムシ」「アザミウマ」「キクイムシの一種」「シロアリ」が社会性昆虫です。アリとハチを含め、これらの昆虫は社会性昆虫の中でもより高度な社会性を持つため、『真社会性昆虫』と呼ばれています。

真社会性昆虫は、コロニーの中ではカーストと呼ばれる階級に分かれており、階級によって作業の役割が異なります。ワーカー（労働階級）は、巣の整備や他個体の世話を行います。兵隊（兵隊階級）は、巣の防衛。そして女王（繁殖階級）は、次世代の子作りを担っています。

各カーストの個体数は、適切な割合でコロニー内に維持されるように、環境に応じて調節されています。調節方法は種ごとに異なりますが、中でもシロアリが最も自由度の高い調節をしています。それでは、日本で最も一般的なヤマトシロアリを例に説明しましょう。

社会性昆虫の多くは、幼虫の時の栄養状態や遺伝的な情報によって、将来どのカースト環境でその後の人生が大きく変わる？

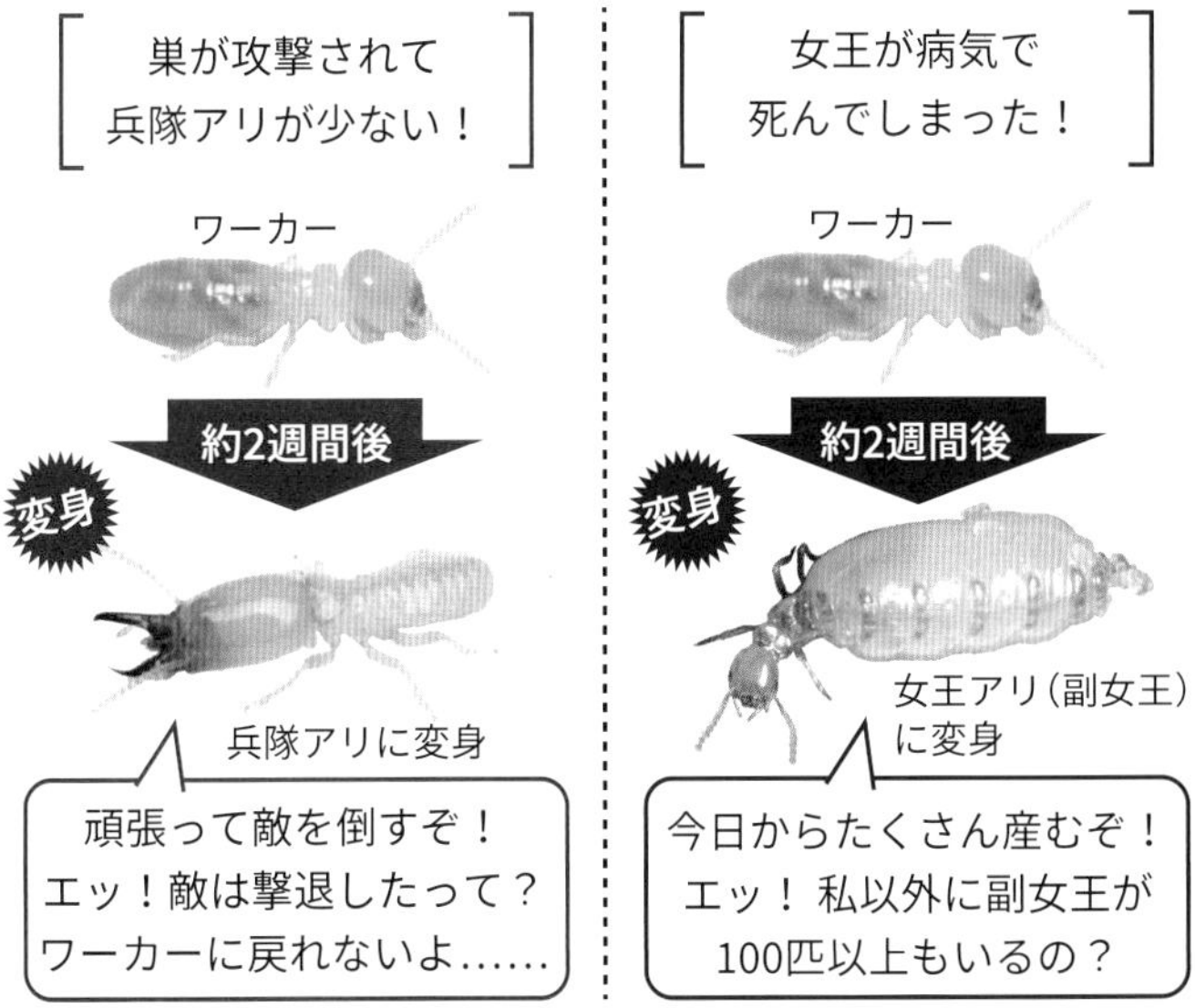
巣が攻撃されて
兵隊アリが少ない！
ワーカー
約2週間後
変身
兵隊アリに変身
頑張って敵を倒すぞ！
エッ！敵は撃退したって？
ワーカーに戻れないよ……
女王が病気で
死んでしまった！
ワーカー
約2週間後
変身
女王アリ（副女王）
に変身
今日からたくさん産むぞ！
エッ！私以外に副女王が
100匹以上もいるの？

になるのかがおおよそ決まっています。しかしヤマトシロアリは、遺伝的な決定だけでなく、環境要因により、上書きされる形でカーストが決まります。つまり、将来的に王や女王になる予定だった個体が、環境によってワーカーになったりできるのです。

　また、すでにワーカーとして働いている個体が、環境の変化に合わせて兵隊になったり、繁殖虫である女王（副女王）になったりもします。

　この能力により、上の図のように巣がピンチのときに兵隊になったり、１００頭を超える副女王が生産され、それぞれが産卵することで爆発的な増殖を可能にしたりしています。

このようにすでに作業を担っている個体が、行動だけではなく形態や能力までも自由に変化できるのは、シロアリだけに許されたスーパー能力といえます。

一部のシロアリには、この他にも驚くべき能力があります。それは脱皮です。昆虫は脱皮をすることで齢が進み、体が大きくなるのが一般的ですが、シロアリのワーカーは、脱皮をしても齢が進まない「静止脱皮」をします。これにより、体のサイズを変えることなくワーカーとして働き続けることができるのです。

また、ひとつ前の段階に戻る「退行脱皮」という能力もあります。この能力は、一部の幼虫のみに備わっている能力で、すでに作業を担っているワーカーや兵隊、王、女王にはできない芸当になります。この退行脱皮があることで、環境により可塑的に対応できるため、どのカーストにもなれる段階で待機することができるのです。

シロアリとミツバチ

話は変わりますが、社会性昆虫の代表格にセイヨウミツバチがいます。ハチ目の昆虫で、完全変態昆虫（幼虫から成虫になる過程で蛹《さなぎ》になる昆虫）です。

一方、シロアリはアリと名前がついているものの、実はゴキブリの仲間で、不完全変態昆虫（幼虫から成虫になる過程で蛹《さなぎ》にならない昆虫）です。

ミツバチとシロアリは進化的には遠縁で、成長の仕方も大きく違うのにかかわらず、それぞれ『社会性』を築いてきた昆虫です。そのためこの両者を比較することで、昆虫における社会性の成立メカニズムに迫れると考えられています。

生態や社会性の仕組みが研究されていくことで、ダーウィンを悩ませた「社会性昆虫」の謎が解き明かされていくのです。

【参考文献】
Biology of Termites: a Modern Synthesis　Bignell D. E. 2010

蓼《たで》食う虫も好き好き

渡辺《わたなべ》　衛《まもる》
平尾山公園パラダ昆虫体験学習館

アカスジキンカメムシ

昆虫は世間から見ると残念ながら認知度は低く、まだまだ日陰者扱いをされることが多い生き物です。動物園のパンダや水族館のセイウチよりもずっと身近な存在のはずなのに、不思議と「きもい」「汚い」「怖い」と敬遠されてしまいます。

とはいえ嫌いだからと言って、窓に鍵をかけてカーテンを閉めてしまうのはすごくもったいないと思います。昆虫に対してネガティブな印象を持っている人だって、もしかしたらある日突然、全然平気な昆虫に出会うかもしれないのです。

例えば右の写真のアカスジキンカメムシ。触れると手が臭くなりますが、見ているだけならキラキラと美しいカメムシです。次のページの写真のウンモンキシタバも一般的に苦手な人が多いガですが、私も偶然出会うまで、こんな美しいガがいることを知りませんでした。このように皆さんにも、未知なる虫と出会えるチャンスは、いくらでもあるのです。

私が勤めている長野県佐久市にある昆虫体験学習館は、利用者の多くが家族連れです。家族の中には昆虫を苦手な人もいて、悲鳴を上げる方もいらっしゃいます。

しかしそんな人たちからも、「この虫は平気」とか「意外とかわいい」とかの声が聞こえることがあるのです。

ウンモンキシタバ

「昆虫なんて気持ち悪いから嫌いだと思っていたけど、よくよく観察してみたら自分でも不思議なくらい平気だった」と、驚く方もいらっしゃいます。

いつの間にか「自分は虫が嫌い」と思い込んでいただけで、本当はそんなに嫌いじゃないことに気づく瞬間があるようです。

それでも、「気持ち悪い」「これ嫌い」などの声が、展示室から聞こえることがあります。しかしせっかく昆虫館に遊びに来たのだから、なぜ昆虫が嫌いなのか、なにが気持ち悪いと感じさせているのか、この際ですからじっくりと観察して

ハチモドキハナアブ

みたらいかがでしょうか？
もしかしたら自分は虫が苦手だと思い込んでいるだけの食わず嫌いかもしれません。心の中を空っぽにしてから虫を眺めてみたら、あら不思議！　虫好きになっているかもしれませんよ（笑）。

昆虫館の扉は、虫好きの方はもちろん、そうでない人にも開かれています。訪れるたびに新しい発見が、皆さんを待っています。辛い蓼《たで》を好んで食う虫がいるように、試しに食べてみると、新境地が開かれるかもしれません。そのためにも、ぜひ一度、お近くの昆虫館に出かけてみることをお勧めします。

①トゲアシアメンボ（渡部 晃平）
②ヤシャゲンゴロウ（渡部 晃平）
③卵塊を保護するタガメ（渡部 晃平）
④ゲンゴロウ（渡部 晃平）
⑤越冬中のタガメ（渡部 晃平）
⑥シャープゲンゴロウモドキの羽化したオス新成虫（渡部 晃平）

3

プロが自慢する飼育スゴ技

チョウの個体識別

古川《ふるかわ》 紗織《さおり》
東京都多摩動物公園
昆虫園飼育展示係

オガサワラシジミのオスの成虫

多摩動物公園昆虫園では、２００５年から小笠原諸島に生息する絶滅危惧種のチョウ、オガサワラシジミの保全活動に取り組んできました。主な目的は飼育技術の確立と普及啓発です。

２０１６年には世代を重ねて飼育を続けるための技術を確立しましたが、残念なことに２０２０年に飼育が途絶えてしまいました。原因は、限りある生息数から飼育個体を得ていたため近交劣化が生じたなど、様々な可能性が考えられますが、現在も究明中です。

この種は２０１８年以降、野外では正式な目撃情報がなく（環境省）、絶滅が危惧されています。このような現状と、環境を守っていくことの大切さを広く知ってもらうことも私たちの大切な役割であり、多様な面から保全活動を継続して行っていきたいと思っています。

ここでは、オガサワラシジミの飼育中に培われたスゴ技として、『チョウの個体識別』について紹介します。オガサワラシジミは野外での生態がよく分かっておらず、飼育もすべてが手探りでした。その中で最も苦労したのが交尾をさせる繁殖技術の確立です。

チョウの中には、羽化してからすぐに交尾をする種もいれば、交尾ができるようになるまでの成熟に時間を要する種もいます。オガサワラシジミの場合はこの点についても全く分かっていませんでした。

繁殖行動の解明は、各個体の動向を観察することから始まります。そのためには個体の識別が重要になりますが、その方法はいたってシンプル。翅に識別用のマークを書くという方法です。渡りをするアサギマダラというチョウの生態を調査するため、翅にマーキングを行う方法をご存じの方もいるかもしれません。それと同じですが、『言うは易く行うは難し』なのです。

シジミチョウの仲間は小型の種がほとんどで、オガサワラシジミも大人の親指の爪ほど

交尾しているマーキングの個体

の大きさしかありません。そのチョウの後ろ翅の隅に文字を書くわけです。あまり大きく書くと、飛翔や互いの認識に支障が出る恐れがあります。できる限り小さく、しかし人の目で読み取れるように、分かりやすくマーキングをする必要があるのです。

しかもチョウの翅はとても柔らかく繊細です。また、鱗粉をまとっているため、素手で持つと鱗粉が取れて翅が傷んでしまいます。そこで翅をつかむときは、チョウの標本作りに使うパラフィン紙を加工したものを用いました。また、はさみ方にも注意が必要です。オガサワラシジミははばたく力が強く、翅の先だけを掴むと、ばたつかせたときに根元が折れてしまうからです。そのため、マーキングのスペースを確保しながらも、根元はしっかりと掴むようにします。

オガサワラシジミの幼虫

一連の作業で一番神経を使うのが、文字の書き込みのときです。極細の油性マジックを使って翅に文字を書くのですが、しっかり書こうと力を入れ過ぎると文字が滲んでしまったり、翅が破れてしまったりします。そのためインクを少しずつ塗り重ねていくように、力加減を調整します。私たちは、飛び回っているチョウをより個体識別しやすくするため、オスにはアルファベットの大文字を、メスにはカタカナを、左右どちらから見ても分かるように両方の後ろ翅にマーキングしました。この技術により、羽化してからどのくらいの日数で交尾が成立しやすいのかといった生態などが分かり、繁殖技術の確立に役立ちました。

昆虫の飼育では、米粒に絵を書くような細かい作業を行う技術が必要とされることもあるのです。

チョウの人工飼料

清水《しみず》 聡司《さとし》
大阪府営箕面公園昆虫館
副館長

ミカンの葉を食べるアゲハの幼虫

モンシロチョウの幼虫はキャベツ、アゲハの幼虫はミカンの葉っぱを食べることをご存知の方は多いと思います。このように特定のグループの植物を選んで食べる種を「狭食性」、アメリカシロヒトリやクワゴマダラヒトリのように、色々な植物を食べる種を「広食性」（多食性）と呼びます。

チョウ目（鱗翅目）に含まれる昆虫は、狭食性が多くを占めています。

また狭食性の中には、昆虫館の温室でもおなじみのオオゴマダラのように、1種類の植物しか食べない極端に偏食に進化した「単食性」のチョウもいます。

ここで問題です。モンシロチョウの幼虫は、キャベツ以外も食べることができるでしょうか？　答えは「Yes」です。キャベツ以外にも、ブロッコリーやコマツナなどの野菜、イヌガラシやハタザオの仲間といった野生種のアブラナ科植物の多くを食べることができます。

では、ミカンの葉っぱをあげたらどうでしょう？　残念ながら食べることができずに、弱って死んでしまいます。植物の中には、摂食を促す成分「摂食刺激物質」が含まれており、モンシロチョウの摂食刺激物質は、アブラナ科植物に含まれる辛味成分「カラシ油配糖体」だからです。摂食刺激物質は、チョウの種によって異なり、幼虫はこの成分を手がかりに食草を判断しているのです。

このようにチョウやガの多くは、食べられる葉っぱの種類が限られているため、幼虫を飼育するには、新鮮な餌を継続して入手することが重要となります。適切な餌さえ用意できれば、季節を問わず飼育が可能なわけです。このような発想から、生の葉っぱに代わる飼料が開発されました。それが人工飼料です。

人工飼料とは、人の手で加工して作った飼料の総称で、カブト

アブラナ科の一種を食べるモンシロチョウの幼虫

ムシやクワガタムシを飼うときに当たり前のように使われる昆虫ゼリーもその一つです。
チョウ目昆虫の人工飼料は、１９４０年代にアメリカで開発されたアワノメイガのものが最初で、その後日本でも養蚕の分野を中心に開発・改良され、発展してきました。

植物食の昆虫ですが、種によって食べる植物が違っていても、そこから得ている栄養分はそれほど変わりません。生き物の生育に必要な栄養分は、三大栄養素と呼ばれる糖質・脂質・アミノ酸とビタミン類・ミネラル分などが主です。これら成長に必要な成分を人工的に混ぜ合わせた「人工飼料原体」と呼ばれる混合粉末を、それぞれの種の好みに合わせて味付けすることで、極端に偏食な幼虫でも食べられる「人工飼料」に仕上げているのです。

味付けには、その種の好む植物（食草・食樹）を乾燥させて粉末にした「食草乾燥粉末」を使用するのが一般的です。例えばカイコ用なら、カイコが食べる「クワ」で味付けをします。

人工飼料原体（左）と食草乾燥粉末（右）

人工飼料を食べるオオゴマダラの幼虫

ちなみにカイコはある程度の需要があるため、加工済みの人工飼料が販売されています。しかし昆虫館で飼育しているチョウの場合は、「〜蝶用」というように加工済みの飼料は市販されていないため、飼育の現場でそれぞれに合った味付けをして与えています。

人工飼料の利点は、保存性と安定性です。植物は若葉の時期もあれば、成熟して葉の硬くなる時期もあります。最も状態の良いタイミングで収穫し、乾燥粉末にして保存することで、一年を通じて均一な質の餌を用意できるのです。新芽や若葉を好む種に、状態の良い葉っぱを常に用意することは難しいため、人工飼料を上手に使うことができれば、餌不足で頭を抱えることなく、計画的に飼育展示を進めることができます。とは言え、生の葉っぱでの飼育が大前提で、人工飼料は補助的にはなります。

チョウ飼育の裏技（代替餌）

シロオビアゲハの成虫

昆虫生態園

角田《つのだ》 淳平《じゅんぺい》 & 田村《たむら》 隼人《はやと》

東京都多摩動物公園
昆虫園飼育展示係

リュウキュウムラサキの成虫

昆虫の中でも人気のあるグループの一つがチョウです。そのため、チョウを放し飼いにした温室のある昆虫館も少なくありません。しかし、一年中たくさんのチョウを飼育し、展示し続けることは簡単ではありません。チョウの多くが特定の植物しか食べない狭食性だからです。例えば、アゲハはミカン科の葉しか食べませんし、モンシロチョウはアブラナ科の葉しか食べません。チョウを一年中育てるには、餌となる植物（食草）を年中大量にキープしなくてはならないのです。

しかも質の高さも求められます。状態の良い食草を用意できないと、幼虫が途中で死んでしまうことがあるからです。このためチョウの飼育の良し悪しは、食草の量と質で決まる、と言っても過言ではありません。とはいえ、裏技も存在します。今回は裏技の一つ、チョウの幼虫に本来の食草ではない植物を与える「代替餌」についてお話しします。

シロオビアゲハ

シロオビアゲハはミカン科を食草としており、多摩動物公園では柑橘類とカラスザンショウ（サンショウの仲間）を与えて飼育しています。

柑橘類は春に新芽を伸ばし、夏に向けて成長するため、冬は葉が硬くなります。カラスザンショウは春から夏にかけて次々に新しい葉をつけますが、冬には落葉してしまいます。

このため冬場は柑橘類の葉を与えるしかないわけですが、硬くなった葉ばかりでは幼虫が消化不良を起こしてしまうことがあります。食草を温室に入れても、日の長さで冬と分かるのか、新しい葉をつける頻度は低下します。つまり、冬には質の良い食草を得るのが難しいのです。

ハナウドにつけたシロオビアゲハ幼虫

ここで代替餌の出番です。同じアゲハチョウの仲間のキアゲハは、ミカン科ではなくセリ科を食草としています。セリ科の多くは寒さに強く、冬でも柔らかい葉をつけていることがあります。「シロオビアゲハもセリ科を食べてくれたら食糧難が解決するのでは？」と考え、早速実験をしました。実はシロオビアゲハの幼虫をナツミカンにつけて育てていたとき、隣に置いてあったセリ科のハナウドをかじっているのを目撃したことがあったのです。

実験では、ハナウド、セリ、ミツバ、アシタバを使って育ててみました。結果は1勝3敗。問題なく育ったのはハナウドだけで、残りはうまく育ちませんでした。実績のあったハナウドの一人勝ちです。とはいえシロオビアゲハがミカン科以外でも育つことは分かりました。ハナウドは多摩動物公園内にも自生しており、冬に強い植物です。真冬はさすがに成長しませんが、鉢植えを温室に入れ、少し暖めるだけで、柔らかい葉をたくさん得ることができます。セリ科の中でも葉が大きい点も餌としては有用です。その後、ミカン科を食草とするアゲハとクロアゲハも、ハナウドだけで育てられることが分かりました。

リュウキュウムラサキ

多摩動物公園では、リュウキュウムラサキにサツマイモの葉を与えて育てています。しかしサツマイモは、温室で育てていても、冬場になると調子が悪くなったり、ハダニが活発になるため

リュウキュウムラサキの幼虫

リュウキュウムラサキの成虫

葉が悪くなったりします。過去にはハダニが大量発生してサツマイモ畑が壊滅したこともありました。また、ハダニ以外の害虫が発生することで、葉がボロボロになることもあります。このような事態に備えるため、私たちは代替餌を探しました。

今回は、リュウキュウムラサキ以外のチョウの食草を参考に実験しました。結果、クズ、ガジュマル、オオイワガネ、トキワツユクサ、スミレは食べませんでした。クワは少し食べてくれたものの、すぐに死んでしまいました。カナムグラを与えたものは、2〜3齢までは育つものもいましたが、そこまででした。ヒルガオはよく食べてくれましたが、葉が薄いため量が必要となります。このため実験では途中でサツマイモに戻して育てることになりましたが、問題なく成虫になりました。オオバコを与えたものは、成長は遅かったものの成虫にまで育ちました。成虫の大きさもサツマイモで育てたときと遜色ありませんでした。

リュウキュウムラサキの幼虫

成績が一番良かった食草は、セイタカスズムシソウでした。サツマイモと比べ成長は遅いものの、オオバコよりは早く成虫になりました。成虫の大きさもサツマイモとのときと変わりませんでしたし、翌年は40〜50匹がセイタカスズムシソウで羽化しました。実験では、昆虫用の人工飼料も試しましたが、生葉ほどは生き残らず、成虫になってもかなり小型でした。印象として、孵化《ふか》した幼虫が植物に食い付きさえすれば、成虫まで育てられるようです。失敗に終わったクワやカナムグラについても、何回か挑戦すれば成虫まで育つ個体が出た可能性はあると思います。

代替餌はチョウ飼育において必須ではありません。しかし、困ったときの裏技として、今回のような知見を蓄積していくことは大切だと考えています。年間を通じてたくさんのチョウを展示するため、これからも代替餌の模索を続けていこうと思います。

ミヤジマトンボ

坂本《さかもと》　充《みつる》

広島市森林公園昆虫館
技師

ミヤジマトンボ（*Orthetrum poecilops miyajimaensis*）という素敵な和名のトンボがいます。1936年の発見以来、国内の分布域は宮島以外に知られていません。国外では、遠く離れた中国南東沿岸地域に分布しているだけです。このような隔離分布の形成は、最終氷河期が終わり、日本列島が大陸から分離する以前に完成しました。祖先種が大陸の南東沿岸域から海岸沿いに、数十万年あるいは数百万年という途方もなく長い時をかけて北上し、陸続きだった西日本に到達した結果なのです。

幼虫は、定期的に海水が流入する、潮汐湿地と呼ばれる特異な湿地にすみます。一定時間内なら汽水に耐えることができるという、国内産トンボ類唯一の特殊能力を活かし、およそ一年をかけてゆっくりと成長します。容姿こそシオカラトンボに似て地味ながら、隔離分布に至る壮大な歴史と、希有な生態を有した、実にユニークなトンボです。

本種が生息する潮汐湿地は、かつては瀬戸内海沿岸部の広域に少なからず点在していたはずです。しかし、それらのほとんどは、明治以降の経済活動の急激な活発化にともなう数々の開発により急速に失われ、生息域は宮島のみとなりました。古代からの自然崇拝、厳島神社建立による神聖視の強まり、日本初の国立公園指定など、開発回避につながるこうした要件が重なり、あたかも奇跡のごとく「神の島」だけに生き残ったのです。

「ミヤジマトンボ保護管理連絡協議会」は、大型台風がもたらした生息環境劣化による個体数の減少を契機として、２００５年９月に発足しました。以降、生息環境の改善、新生息地の創出、生態に関するデータ収集、生息域外保全（人工飼育）の取組みなど、多様な保護活動に継続的に取り組んできました。これらが評価され、２０１２年に生息域が「ラムサール条約湿地」に登録されました。そして、２０２０年５月には、「第74回愛鳥週間野生生物保護功労者表彰」の「環境大臣賞」を、思いがけず私個人がいただくことになりました。

２０２１年３月、既知生息地群とは異なる海域を臨む小さな潮汐湿地で、複数の幼虫が発見されました。当該地は、大型台風の生息環境破壊によるリスク分散を目的とし、２０１８〜２０２０年に協議会が新たに創出した潮汐湿地になります。

私たちはこの潮汐湿地を足掛け３年にわたって、「海水と淡水の交互流入」「ヒトモトススキの活着と有機物の堆積」「ユスリカの幼虫やミズムシの幼生などの餌資源の繁殖」について調査し、２０２０年夏に複数の雌から得た約１万個の卵を放流したので

越冬に成功した幼虫

す。そして、孵化《ふか》した一部が年を越し、9～11齢（亜終齢）幼虫に成長してくれたのです。累計でどれだけの数の成虫が羽化し、初冬の調査で次世代の幼虫を確認することはできるのか……。不安は尽きませんが、私たちが3年をかけて創り出した潮汐湿地は、少なくとも数十個体の幼虫を養う能力を有していたことは、間違いありません。

「保護活動に終わりはくるのだろうか……」宮島での環境整備の合間、浜辺に腰をおろし、波の音を聞きながらよく思います。大型台風やゲリラ豪雨による湿地の物理的破壊。生息密度を高めたイノシシによる湿地植生の激しい食害。気候変動の原因である人間の経済活動や野生生物の本能的営みに終わりはありません。「50年、100年後にも、誰かがここで、額の汗を拭っているのに違いない」いつもの結論を再確認しつつ、ゆっくりと腰をあげます。宮島という特別な地で、ミヤジマトンボという特別な昆虫を救う活動に従事できる喜びをかみしめながら、今なすべき作業に戻ります。

私の昆虫館人生に大きな意義を与えてくれたミヤジマトンボ。白砂に舞うその姿は、私にとってどの昆虫より、愛おしく思えてなりません。「絶滅」を傍観せず、これからも可能な限り、かれらの命を支えていこう。

希少種が多い水生昆虫の飼育

渡部《わたなべ》 晃平《こうへい》
石川県ふれあい昆虫館
学芸員

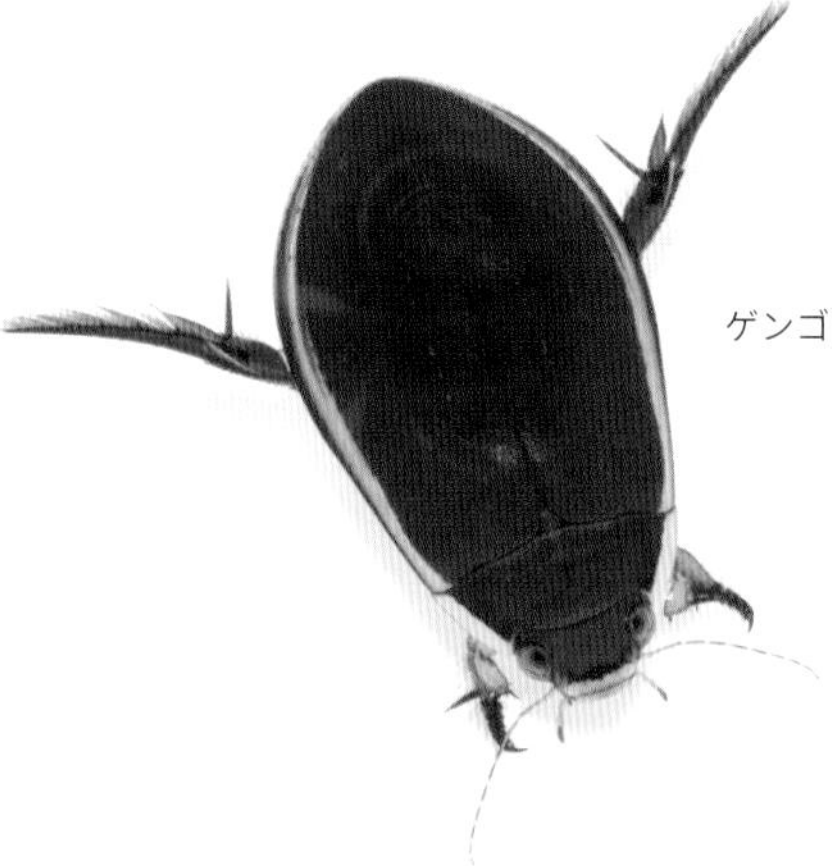

ゲンゴロウ

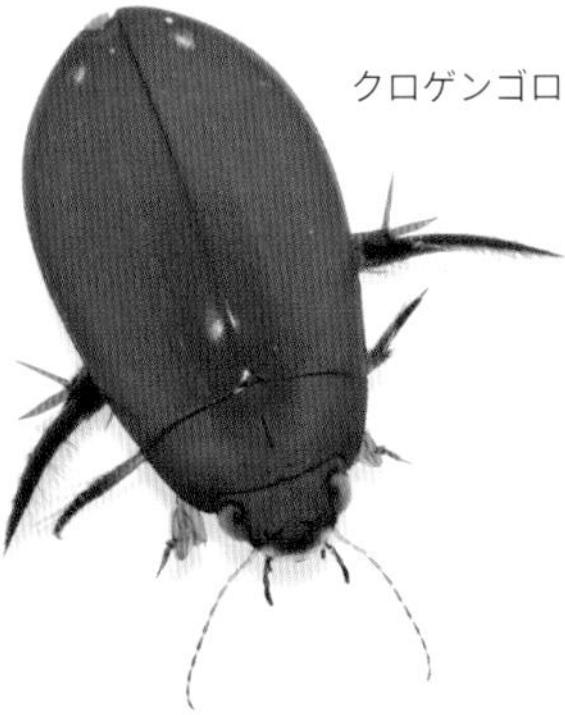

クロゲンゴロウ

マルコガタノゲンゴロウ

ナカジマツブゲンゴロウ

コウベツブゲンゴロウ

水生昆虫の多くは希少種

一生のうち水面や水中で過ごす時期のある昆虫のことを水生昆虫と呼びます。皆さんが良く知る昆虫では、トンボが水生昆虫です。トンボというと空を舞う姿をイメージされる読者も多いと思いますが、ヤゴと呼ばれる幼虫期は水中で生活しています。ゲンジボタルも幼虫期にだけ水中で生活する水生昆虫です。一方、ゲンゴロウやタガメなどのように、幼虫期だけでなく成虫期も水から離れずに生活する昆虫もいます。このような昆虫は『真水生種』と呼ばれています。

日本で記録されている真水生種は2021年4月時点で489種・亜種です。種数は多いように感じるかもしれませんが、生活場所が池や川などの水辺に限られていることなどから、全国的に真水生種は急速に数を減らしつつあります。レッドリスト2020という環境省がとりまとめている『絶滅のおそれのある野生生物の種のリスト』には、138種・亜種の真水生種がリストアップされています。

トゲアシアメンボ

タイワンオオミズスマシ

また水生昆虫は、体長が1㎝にも満たない小型種が多いため、ほとんどの種において幼虫の姿が知られていないだけでなく、どのように育ち、どのように繁殖し、どのように死んで一生を終えるのかといった生活史もわかっていません。これでは保全しようにも、対策案を検討することさえ困難です。

そこで私は、レッドリスト2020に掲載されている種から毎年数種を選び、飼育方法の開発と生活史を記録することにしました。具体的には、どのような場所に産卵し、幼虫はどのような餌を食べ、成虫に育つまでに、どのような環境で、どのくらいの期間が必要になるのかを細かく記録したのです。ただ、ほとんど情報が無い昆虫の飼育を成功させるわけですから、簡単ではありません。だからこそ、これまで昆虫館学芸員として培ってきた経験や知識、飼育技術の見せ所となるわけです。それでは、一部ではございますが、私が挑戦した希少な水生昆虫の飼育法について紹介していきましょう。

ヤシャゲンゴロウ

ヤシャゲンゴロウは、福井県の夜叉ヶ池にしか生息していないゲンゴロウです。種の保存法と呼ばれる法律で国内希少野生動植物種に指定され、レッドリスト2020では絶滅危惧ⅠB類（近い将来における野生での絶滅の危険性が高いもの）に選定されています。

幼虫はミジンコを好んで捕食するという特異な生態から、飼育や繁殖が難しいゲンゴロウの一種になります。石川県ふれあい昆虫館では、ヤシャゲンゴロウの保護増殖事業に参加し、飼育方法の確立に取り組みました。

ヤシャゲンゴロウの飼育で最も難しかったのが、幼虫期の餌になります。飼育を開始した当初は「ミジンコやボウフラ以外はほとんど食べない」という情報しかなかった

ヤシャゲンゴロウの1齢幼虫

ヤシャゲンゴロウの成虫

コオロギを捕食するヤシャゲンゴロウの幼虫

ため、必死にミジンコやボウフラを集めて、餌として与えていました。

しかし、ミジンコやボウフラは非常に小さく、幼虫の体長から推測するに、栄養が足りているように思えませんでした。事実、3cm程度の3齢幼虫が、小さなミジンコを必死に追いかけては捕食するということを、1日中繰り返していたのです。

ある日のこと、ヤシャゲンゴロウの幼虫の捕食行動の観察を続けていたとき、幼虫が狙うミジンコは、上部前方を移動する個体ばかりだということに気がつきました。そこから、「幼虫から見て上部前方で動く生き物なら餌として使えるのではないか」と閃いたのです。幼虫は水中で生活しているため、水面に浮かぶ餌ならその条件を満たします。

昆虫館ではコオロギをたくさん飼育していたため、試しにコオロギの小さな幼虫をふりかけのように水面に落としてみました。すると、予想通り幼虫が泳いできてコオロギを捕食したのです。コオロギはミジンコよりも何倍も大きいため、1回の捕食で得られる栄養価は高くなります。また、餌の入手も非常に簡単です。代替餌の発見により最難関の餌問題を解決し、ヤシャゲンゴロウの飼育・繁殖技術の向上への大きな一歩となりました。

ツブゲンゴロウの仲間

国内に生息するツブゲンゴロウの仲間は体長3～5㎜程度の小型種です。希少種を多く含む分類群で、日本産13種のうち5種が環境省のレッドリスト2020に選定されています。詳しい飼育方法が知られていないため、手探りな状態から飼育をはじめました。

ツブゲンゴロウの仲間の雌にはノコギリのようなギザギザ

キタノツブゲンゴロウの成虫

した産卵管があります。また、水生植物が豊富な水域に生息しているため、産卵管を使って水草に産卵するのではないかという予想を立てました。そこで水草とツブゲンゴロウの仲間であるニセコウベツブゲンゴロウを同じ容器に入れ、産卵を確認するため顕微鏡で毎日、水草を観察することにしたのです。種類によっては卵を探しにくい水草もあり、この作業はなかなか苦戦しましたが、ようやく卵を発見することに成功しました。

その後、産卵した卵を隔離して孵化《ふか》させ、2㎜にも満たない小さな幼虫を育てていきました。餌には生きた赤虫を使用することで、成虫までスムーズに育てることができました。

この一連の飼育方法はツブゲンゴロウの仲間の多くに活用できることがわかりました。これまでに同様の方法で、キタノツブゲンゴロウやナカジマツブゲンゴロウなどの絶滅危惧種を含む4種の繁殖に成功し、生活史を記録しています。

これからも続く希少種の飼育

石川県ふれあい昆虫館では、紹介した水生昆虫の他にも、セスジゲンゴロウ属、ミズスマ

環境省レッドリスト2020で絶滅危惧IA類（ごく近い将来における野生での絶滅の危険性が極めて高いもの）にランク付けされているコセスジゲンゴロウの成虫。世界で初めて繁殖に成功した。

シ科、アメンボ科の仲間など、様々な希少種を対象に飼育方法の確立を模索し続けています。

このような仕事は地味で手間がかかりますが、希少種の保全を模索する過程において重要な生態情報を得られたり、生体展示ができるようになることで普及啓発に繋がることなどが期待されます。昆虫館として、飼育のプロとして、大きな役割を感じています。

【参考文献】

「ネイチャーガイド 日本の水生昆虫」中島　淳ほか　文一総合出版　2020年

「生息域外保全を見据えたゲンゴロウ類の効率的な飼育方法 ―ヤシャゲンゴロウを中心として―」渡部晃平ほか　さやばねニューシリーズ　No.27,2017

菌を育てるハキリアリ

田中《たなか》 陽介《ようすけ》
東京都多摩動物公園
昆虫園飼育展示係

ハキリアリと菌

右の写真は、ハキリアリが植物の葉を切り取って巣に持ち帰る様子です。ハキリアリはこの後、巣の中で葉を食べるわけではありません。実は植物の葉を使って菌（キノコの仲間）を栽培し、それを食べるのです。まさにキノコ栽培農家のようなアリといえます。

菌を育てるアリの仲間は、250種くらいが知られており、すべて南北アメリカに生息しています。なかには働きアリの数が数百万匹になる巣もあるそうです。

そんなハキリアリを飼育・展示している日本で唯一の昆虫館が多摩動物公園にあります。ここで飼育しているハキリアリ（*Atta sexdens*）の女王アリの大きさは、約25㎜、働きアリは小さいものから大きいものまで様々で、約3〜13㎜です。働きアリは体のサイズによって役割が分かれており、小さい働きアリは菌園の世話などを、中型の働きアリは葉の切り取りや運搬などを、大きな働きアリ（兵隊アリ）は外敵からの巣の防御などをしています。

まずは、ハキリアリが植物の葉を使って、どのように菌を栽培しているのかを紹介します。

菌を育てているキノコ農家の畑にあたるのが、菌園と呼ばれる菌の塊で、地中の巣の中にあります。野生では、菌園は直径15㎝ほどの小部屋の中にあります。なかには小部屋の数が1000を超える巣もあるそうです。

ハキリアリは、巣に葉を持ち帰ると、細かく砕いて菌園に張り付けます。その後、そこに菌糸を植え付けることで菌を増殖させます。ハキリアリは、この作業を繰り返すことで、菌園を育てているのです。また、菌園の古くなった部分は、働きアリが少しずつ巣の外に運び出して捨てていきます。菌園に違う種類の菌が生えていたら、それを取り除いたりもします。

このように菌は、ハキリアリに世話をしてもらうことでしか増殖できず、ハキリアリの巣の中でしか

存在できません。ただ一方でハキリアリは菌を食べて暮らしているわけですから、ハキリアリと菌は互いになくてはならない存在になるわけです。そのため昆虫館などでハキリアリを飼うには、菌を育てることも重要になります。

飼育のカギを握る菌

菌を育てるためにハキリアリが運ぶ葉は、どんな種類でも良いわけではありません。実は好んで切り取る植物の種類は限られています。

多摩動物公園では、主にアオキやヒサカキ、ネズミモチなどを園内で採集し与えています。しかし困ったことに突然、これらの種類の葉でもほとんど切り

取らなくなることがあります。そんなときは、与える植物を変えることで対応しています。
ハキリアリは、菌がそのときに必要としている植物を切り取っているといわれています。つまりハキリアリの飼育係は、菌が欲している植物が何なのかをアリを介して知り、それを与えるという作業をしているのです。

この他にも菌を管理するうえで気を使うのが、菌園ケース内の湿度です。湿度が高いと、菌はふっくらとよく成長します。しかし高すぎるとケースの底に水が溜まってしまい、管理に手間がかかります。
ケースの天井部にある通気口を開けると湿度が下がるのですが、乾燥しすぎると菌が育たなくなります。適切な湿度を維持するため、菌園のふっくら具合やケースの内側につく結露の量を確認したり、飼育部屋の湿度を測ったりしながら、ケースの通気口の広さを微調整します。また冬は加湿器を使って、飼育部屋の湿度が50％を下回らないように管理しています。

面白いことに、菌園の状態からアリの活動を推測することもできます。働きアリが菌の増産を進めているときは、葉が貼り付けられた黒っぽい部分が増えますし、アリの個体数が減るなどして菌が余っているときには、成長した菌が多い白い部分が増えます。

菌を育てるため、またアリの状態を知るためにも、飼育係はアリより菌を観察している時間の方が長いといえるかもしれません。

意外と危険な飼育の作業

葉を与えたり菌園ケース内を掃除したりする際には、巨大な兵隊アリからの攻撃に注意をしなければなりません。基本的には道具を使って、アリに直接触ることがないように作

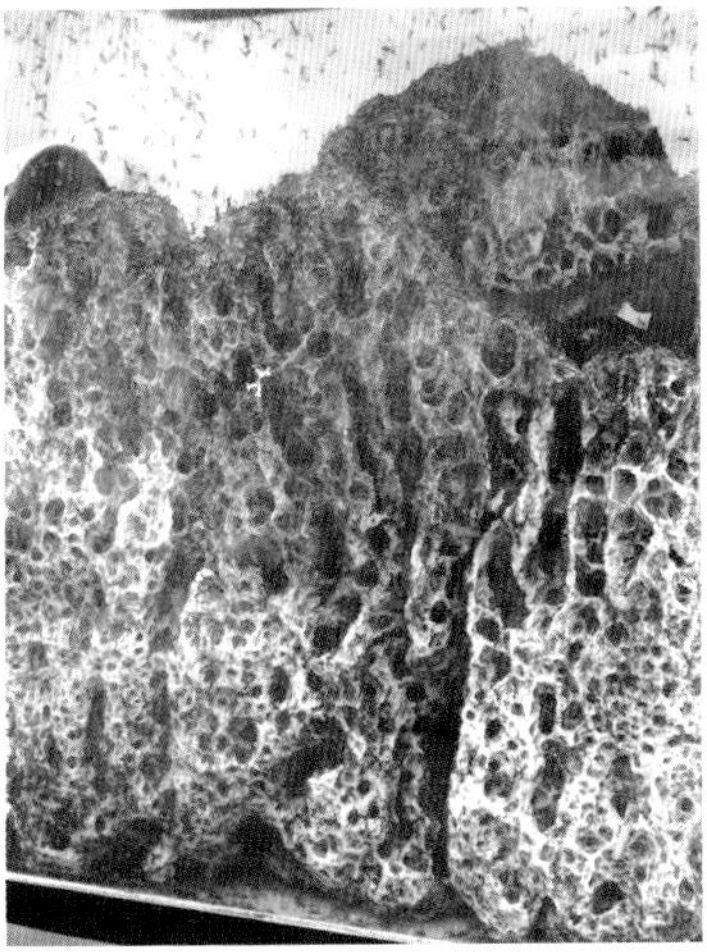

菌園のケース。上の黒い部分が葉を張り付けて菌を増やしている部分。中ほどの白い部分が成長した菌が多い部分。下の茶色くなっている部分が古くなった菌が多い部分

業を行っていますが、作業に集中していると、いつの間にか兵隊アリが手に登っているのです。それに気づくのは、たいていが咬まれた後。しかも決まって、指と指の間のいわゆる水かきのような柔らかい部分に咬みつきます。アリごときで大げさな、と思われるかもしれませんが、兵隊アリの大あごは鋭くパワフルで、皮膚は簡単に切り裂かれ、流血してしまうほどです。

菌が全滅の緊急事態

多摩動物公園では2019年にペルーで採集されたハキリアリ(女王と働きアリとコップ1杯くらいの菌園)を搬入しましたが、ここで予想外の出来事が起きました。搬送中あるいは搬入後の環境が悪かったのか、菌園が死んでしまったようで、アリが菌の世話をしなくなったのです。このままでは、ハキリアリは死んでしまいます。

鋭い大あごをもつ巨大な兵隊アリ

あせった私たち飼育係は、すでに飼育している他の巣から、菌園を移植してみることにしました。過去の担当者の話では、以前に別の巣同士で菌園の移植を試みたときは、アリたちが移植した菌園を世話することはなかったそうです。私たちは不安の中、菌園の世話をしなくなったハキリアリの巣に別の巣の菌園を入れてみました。すると、アリたちは喜んで（私にはそう見えました）世話をはじめたのです。今回はアリにとっても緊急事態で、別の巣の菌園だからと拒んでいる場合ではなかったのかもしれません。

持ちつ持たれつの関係のハキリアリと菌。アリは菌の世話をすることで、食料を得ることができます。飼育係は葉を与えたり、環境を整えたりなどして、両者の関係が良好に続くようにお膳立てをしています。しかし飼育係は、それでお給料をもらって食べていけるわけで、よくよく考えるとアリや菌と持ちつ持たれつの関係と言えるのかもしれません。

【参考文献】
「ハキリアリ 農業を営む奇跡の生物」バート・ヘルドブラー、エドワード・O・ウィルソン、梶山あゆみ訳　飛鳥新社　2012年
「アリ語で寝言を言いました」村上貴弘　扶桑社　2020年

肉食昆虫用の餌

逸見《へんみ》 敬太郎《けいたろう》
広島市森林公園こんちゅう館
技師

タニシを食べるマイマイカブリ

昆虫館では、チョウやバッタの餌は、温室で食草を栽培しています。カブトムシやクワガタムシには、幼虫のときは園内で作った腐葉土やホダ木（しいたけの原木）、成虫になると市販の昆虫ゼリーやリンゴを与えています。

しかし肉食性の昆虫や節足動物《せっそくどうぶつ》となると、そのほとんどが栽培した植物や市販の餌では対応できません。動くものか特定の生物しか食べないからです。企画展示のように一時的な少数飼育なら、餌となる生き物を昆虫館の周辺から採集すれば済みますが、長期にわたる持続的な展示ではそうはいきません。昆虫の餌となる生物（生餌）を増やし、安定供給することが求められるのです。

代表的な生餌

生餌というと、皆さんは何を想像しますか？　ミールワームやフタホシコオロギなら、一般の人でも知っているかもしれません。釣りをする人なら、ミミズやスジエビ。爬虫類を飼育している人なら、デュビアやレッドローチを使ったことがあると思います。

実は、昆虫館ならではの生餌もいます。例えば、タニシやインドヒラマキガイは、ホタルやマイマイカブリなど、巻貝を好んで食べる昆虫に与えます。チョウバエやミジンコ類は水生昆虫の餌になります。そして外見が特有なジャイアントミールワームや外国産の大型ゴキブリは、餌としてだけでなく、展示でも活躍しています。

生餌を利用する場合、生餌を食べる生き物の嗜好性はもちろんですが、飼育が容易で、たくさん増えることが重要となります。また限られた設備、展示の雰囲気と生餌との兼ね合いなど昆虫館ならではの制約もあります。さらに外国産の生

最も大きな餌用昆虫・マダガスカルオオゴキブリ

餌の場合、外来種の問題から脱走対策を徹底する必要があります。昆虫館では、万が一脱走しても殺虫剤を利用できないため尚更です。これらを踏まえ、条件に合う生餌を選んだり、逆に生餌に合わせて飼育容器の構造や給餌方法を変えたりと、工夫を凝らしています。それでは、昆虫館の人気者たちに、どうやって生餌を与えているか、説明したいと思います。

カマキリ類

カマキリ類は、生きている動く虫しか食べません。中でもハナカマキリは、飛ぶ虫を好む偏食家です。そのため小さい幼虫の頃はショウジョウバエ、大きくなるとセンチニクバエを与えています。

ショウジョウバエは、比較的簡単です。ふかした芋に昆虫ゼリーやリンゴの余りなどを混ぜてミキサーにかけ培地を作り、これを小分けしてカマキリの容器に入れておくだけです。あ

ハナカマキリの幼虫とショウジョウバエの培地

フタホシコオロギを食べるマレーマルムネカマキリ

センチニクバエを食べるハナカマキリの幼虫

とは容器にショウジョウバエが集まって繁殖し、勝手に餌になるのです。しかしセンチニクバエは、そうはいきません。センチニクバエは、腐肉を食べる虫で、館内で増やそうとすると腐臭でとんでもないことになります。そのため館外の物置でセンチニクバエの幼虫のウジを育て、回収した蛹《さなぎ》をカマキリの容器へ入れておくのです。蛹が羽化すれば、ハエがそのままカマキリの餌になるという仕組みです。

しかも蛹は半年程度冷蔵保存ができるため、夏の間に蛹を大量生産して冷蔵し、必要に応じて室温に戻すことで、ハエを餌として安定して利用しています。

イトトンボ類

小さな昆虫を食べるイトトンボ類の成虫には、チョウバエやショウジョウバエを与えます。一方、水中で生活するヤゴには、ミジンコを与えます。

ミジンコを食べるベニイトトンボ幼虫

ミジンコを増やすには、餌となる植物プランクトンを増やす必要があります。そこでキンギョを飼います。キンギョの糞を栄養に植物プランクトンを繁殖させ、緑色の水を生産するのです。これを定期的にミジンコに与えることで増やし、ヤゴの餌にします。ちなみにキンギョの生体はタガメ、死体はセンチニクバエの餌としても活用します。

陸生ホタル、マイマイカブリ

陸生ホタルやマイマイカブリは、主にカタツムリを食べます。しかし当館の周辺ではあまりカタツムリが採集できません。そのため、タニシやインドヒラマキガイなど、水生の巻貝で代用します。これらの巻貝は、温室内に並べられたイトトンボ用の水槽に入れておくだけで勝手に増え、おまけに大量発生した藻を食べてくれます。

生餌を利用する注意点

近年、エキゾチックペットの流行に伴い、生餌として利用される生物や販売形態が多様化しています。しかも生餌の多くは、飼育が容易で世代交代が早く、飼育の入門種や理科の教材として優れています。また、一般の人が純粋にペットとして、生餌を飼育することも増えてきました。しかし有用な反面、万が一人の制御下を離れてしまうと、害虫化するリスクが高いという特性も有しています（そもそも害虫だったりもします）。生餌だからと侮《あなど》らず、生態をよく調べ、飼育や利用の方法を検討する必要があるのです。実際、逃げ出した外国産の生餌が野外に定着した事例も報告されており、生態系への影響が懸念されています。当館ではそのような事例を踏まえ、逸出《いっしゅつ》の防止を心がけるとともに、普及啓発に取り組んでいます。

タニシを食べるヤエヤマドボタルの幼虫

① 樹液を吸うオオムラサキのオス（冨樫 和孝）
② クロスジギンヤンマの産卵（古川 紗織）
③ エゴヒゲナガゾウムシ（古川 紗織）
④ フクラスズメの幼虫（古川 紗織）

4

昆虫館はスゴイ！

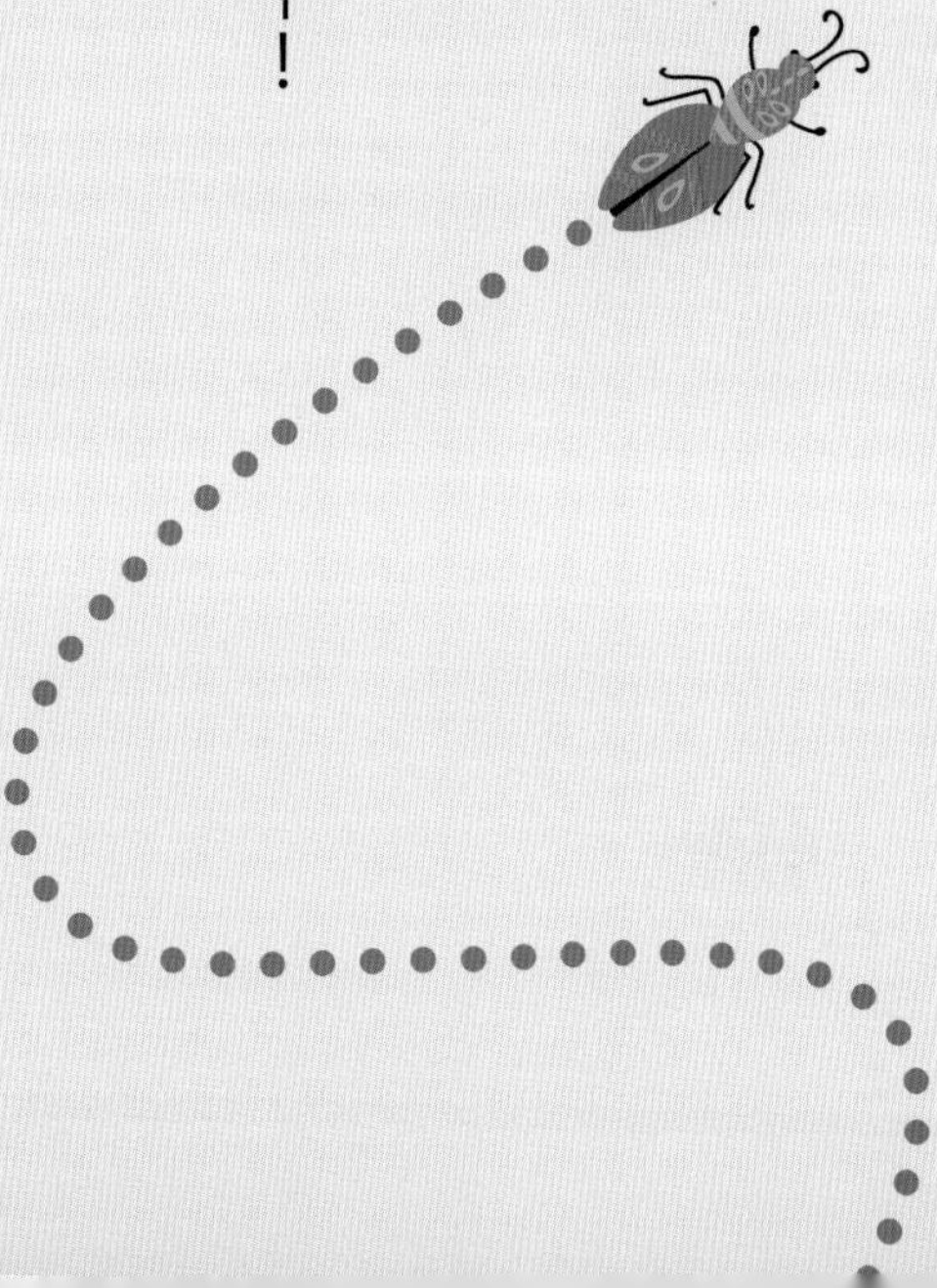

人と人、人とむし、人と自然をつなぐ

古川《ふるかわ》 紗織《さおり》
東京都多摩動物公園
昆虫園飼育展示係

ゴマダラチョウの幼虫

ヤスマツトビナナフシ

カラスアゲハの幼虫

セアカツノカメムシ

アゲハの幼虫

アカボシゴマダラの蛹

多摩動物公園の昆虫園は、動物園の中にある昆虫専門の展示施設であり、他の昆虫館と比べると少し変わった存在です。来園者の中には、昆虫に興味がない、昆虫が苦手、そんな方も少なくありません。そのため、より熱烈な昆虫PRが重要になります。

また、私たち働く側も、他の昆虫館とは少し事情が異なります。動物園の飼育係は一度担当になった動物をずっと飼育するわけではなく、担当動物が変わる異動があります。そのため、もともと昆虫に関わってこなかった人が昆虫園に配属されることは当たり前。かくいう私もそんな1人で、子どもの頃から昆虫が嫌いなわけではありませんでしたが、夢中になるほど魅力を感じる存在でもありませんでした。大学の実習でふれあったカイコに愛おしさを感じたものの、昆虫を意識することなく現在の会社に就職しました。

そんな私が昆虫の魅力に目覚めたのは、2014年に井の頭自然文化園の教育普及係に配属されたことがきっかけです。井の頭自然文化園では2012年に昆虫など身近な生きものとのふれあいを目的とした「いきもの広場」という施設をオープンしました。子どもたちの自然離れが懸念される中、身近な生きものや自然と親しむ場を作りたいという思いで生み出された施設です。私が配属された教育普及係は、いきもの広場の担当部署でした。

いきもの広場には『飼育している生きもの』は一切いません。生きものにとって暮らしやすい環境を整えることで、周辺に生息する生きものが集まってくるようにしたのです。

来園者にはいきもの広場で生きものを見るだけでなく、バッタやトカゲがいれば捕まえ、腐葉土の山を掘ってカブトムシの幼虫を探し、実際に手にとってふれあってもらいます。生きものの探し方や接し方が分からない人には、職員やボランティアスタッフが探し方のコツや生きものの扱い方についてアドバイスします。また、生きものを発見しやすくする工夫も、あちこちに施してあります。

しかし私たちスタッフの役割は、見つけた生きものを解説することではありません。生きものを紹介して知識を与えるのではなく、来園者自らが生きものを見つけ、観察し、それぞれの感性で自分なりの発見をしてもらうサポートをすることなのです。そして何より、生きものとふれあう体験を楽しいと感じてもらうことを大切にしています。

私自身もいきもの広場の活動を通じて、身近な生きものの魅力には

カブトムシの幼虫

まっていきました。昆虫の世界は多様性に富んでおり、それぞれが厳しい自然を巧みに生き抜いています。その奥深さを知ることはとても楽しく、来園者にその魅力が伝わったときの喜びもひとしお。

２０１５年、多摩動物公園の昆虫園の担当になってからも、多くの人に身近な生きものに興味を持ってもらうことを大切にしています。もちろん展示のガイドも行いますが、来園者と一緒に園内に生息する生きものを探索したり、身近な生きものをＨＰで紹介したり、企画展を開催したり、その活動は多岐に及びます。そこには、身の回りにたくさん存在している小さな生きものに興味を持ち、日頃から目を向けてもらいたいという想いがあるのです。今、日本の豊かな自然は、崩壊の危機にあります。足元の自然に親しむ心を育むことは、大きな環境問題に向き合う一歩であると考えています。これからも、人とつながることを大切にし、人とむし、人と自然をつなぐ良き仲人でありたいと思います。

オオムラサキのオス

オオムラサキ

冨樫《とがし》 和孝《かずたか》
北杜市オオムラサキセンター
副館長

国を象徴するものといえば、みなさんは何を思い浮かべますか？　花なら菊。木なら桜。石ならヒスイ。魚ならニシキゴイ。それでは「国チョウ」といえば？　だいたいの人は「キジ」と答えると思います。しかしそれは「国鳥」のこと。日本には同じ読み方の「国蝶」がいます。それはオオムラサキです。

ほぼ全国的に分布しており、見た目も美しく、１９５６年に日本郵政からチョウとしては初となる記念切手が発行されたことも後押しし、１９５７年に日本昆虫学会において、ギフチョウやアゲハチョウなどの他の候補種を退けて、日本を代表する国蝶に指定されました。

オオムラサキは、翅《はね》を広げた大きさが10㎝以上にもなる大型のタテハチョウの仲間です。白と黄の紋が散りばめられた青紫色の翅が名前の由来になります。国内では北海道から九州に至る各地に分布しています。広葉樹が生えた日当たりのよい雑木林に生息し、幼虫はエノキかエゾエノキの葉を食べ、成虫は主にクヌギやナラの樹液を吸っています。

チョウはふわふわと飛ぶイメージがありますが、オオムラサキの羽ばたきはとても力強く、近くを通るとバサバサと羽ばたく音が聞こえてくるほどです。飛び方もアゲハチョウやモンシロチョウとは異なり、滑空しながら高速で飛び回ります。

オスはクヌギの梢《こずえ》に縄張りをはり、他のオスを含め、テリトリーを侵すものを追い回します。私は見たことはありませんが、鳥を追い払う姿を見たという人もいるほどです。

私とオオムラサキの出会いは2011年8月でした。韮崎市の街灯の下で見つけたオオムラサキは、残念ながら既に天寿を全うしたものでした。翅はボロボロで茶色く、お世辞にも華やかさはありません。「意外と地味なチョウウチョだな……」と、その当時は思いました。

オオムラサキセンターに就職してから知ったことですが、このとき私が見た茶色いオオムラサキはメスだったのです。青紫色の翅はオスだけで、メスはやや大柄で、翅は地味な茶色っぽい色をしているのです。当館の生態観察園では7月から8月にかけて生きたオオムラサキをご覧いただくことができますが、翅の綺麗なオスは身体が小さいぶん、メスより早くチョウになり、先に一生を終えてしまいます。このためシーズンの終盤（8月末頃）になると茶色い翅のメスしか見ることができません。この時期に来館された方は、かつての私と同じように茶色いオオムラサキを目の当たりにし、肩を落として帰ってしまうことが多いようです。一見茶色に見えるメスの翅も、見る角度によっては赤紫色に輝いて大変に美しいのですが……。もし綺麗なオスをご覧になりたいのであれば、見頃は7月中旬頃です。

オオムラサキのメス

オオムラサキセンターがある北杜市の旧日野春村周辺は、オオムラサキの有数な生息地です。この地は古くから炭焼きが盛んで、薪炭の材料となるクヌギの雑木林が保守されてきました。間伐や枝打ち、草刈りといった手入れが施された日当たりのよい林は、オオムラ

オオムラサキの幼虫

サキが飛翔する空間が保たれ、草花が豊かに茂り、中には木に傷をつけて樹液を出す虫も現れます。周辺の川沿いには、幼虫の食樹であるエノキが数多く生えており、冬には適度な雪が降り乾燥しないなど、オオムラサキが暮らすには好条件の場所なのです。

また街中には、マンホールや建物の壁、長坂駅のアーチなど、至るところにオオムラサキが飾り付けられています。オオムラサキはこの町のシンボルとして大切にされてきたのです。

しかも地元の方が半世紀近くにもわたって、オオムラサキを守るために荒れた雑木林を手入れし、クヌギやエノキを植林してきました。また、北杜市にある長坂中学校と甲陵中学校の生徒たちは、約40年にわたってオオムラサキの生息数調査（オオムラサキ有視界調査）を実施しています。この取り組みは学校の伝統行事になっており、親子2代にわたって調査員を経験することもあります。旧日野春村周辺が日本有数の生息地たる所以は、地域の人々がオオムラサキを愛し、守り続けているからなのです。

ぐんま昆虫の森「昆虫ふれあい温室」

金杉《かなすぎ》 隆雄《たかお》

群馬県立ぐんま昆虫の森

昆虫専門員

昆虫館での温室の楽しみ方

温室でチョウを観察できる昆虫館は、日本各地にあります。多くの場合、そこではオオゴマダラやシロオビアゲハなど、主に南西諸島に生息する種類のチョウが飛び交っています。そのため、どこの昆虫館の温室も似たような印象を受けてしまうかもしれません。しかし、温室内に植えられている樹木などの植物、それらによって形作られる景観には、昆虫館ごとに趣向が凝らされています。

このように昆虫館の温室は、チョウを観察することはもちろんですが、花や樹木などを楽しむ場所ともいえるのです。特に多くの昆虫館では、世界の熱帯・亜熱帯原産の花がきれいな植物を配置することで、トロピカルな雰囲気を演出しています。

ぐんま昆虫の森の温室には、他の昆虫館の温室とは一味違った魅力があります。ぐんま昆虫の森の温室は、亜熱帯気候の西表島の環境を再現することで、日本の温帯域環境の代表である里山の雑木林と比較することを目的に計画されたところから出発しています。現在は西表島の再現というコンセプトとは少し変わってしまいましたが、沖縄を中心とした

ヒカゲヘゴ

南西諸島の自然環境を彷彿とさせる展示内容になっています。それではここで、ぐんま昆虫の森の温室について具体的に紹介していきましょう。

ぐんま昆虫の森の温室

温室に入って最初に目につくのが、大きな木性シダ植物のヒカゲヘゴです。見上げるとその葉は巨大なワラビやゼンマイのようです。実際、ヒカゲヘゴの新芽はワラビのように食べることができるそうです。ヒカゲヘゴの幹から別の植物の葉が出ています。シダの仲間のシマオオタニワタリで、これは着生と呼ばれ、土ではなく樹木や岩などに根をはる植物になります。

さらに進むとサトイモに似た葉を持つクワズイモが

温室の景観

クマタケラン

あちこちに植えられています。他にもガジュマルやミフクラギとも呼ばれるオキナワキョウチクトウなど、沖縄を代表する樹木が目につきます。また、初夏にはショウガの仲間のゲットウやクマタケランが白い房のような花を咲かせます。

温室には植物だけではなく、小さな滝もあり、そこから温室の中央部にある池へと川が流れています。滝のある周辺の岩肌は、西表島に行ったことがある方なら納得の景観が広がっています。

その岩肌や足元の岩にはポットホールと呼ばれる穴が空いており、これは西表島の流水域に見られる特徴のひとつです。これらは擬岩と呼ばれる人工的に作られた岩ですが、説明されなければわからないほど精巧に作られています。

シマオオタニワタリ

クワズイモ

イリオモテモリバッタ

池の中では、八重山地方特産のヤエヤマアオガエルや南西諸島に住む小さなカエル、ヒメアマガエルのオタマジャクシが育っています。温室の中では「キョロキョロキョロ」と大きな声で鳴くヤエヤマアオガエルの鳴き声が響き渡り、亜熱帯の世界に迷い込んだかのような錯覚に陥ります。

ヤエヤマアオガエル

温室ではチョウの仲間以外にも観察できる昆虫がいます。クワズイモの葉っぱの上などで見られるのが、黄色と黒色の派手な体色に、後脚の先端部分の赤色が印象的なイリオモテ

ヤエヤマトガリナナフシ

モリバッタです。森に暮らす南西諸島のバッタの仲間で、島によって種類が異なり、ぐんま昆虫の森の温室で見られるイリオモテモリバッタは、名前の通り西表島の固有亜種になります。また樹木の上には、枝に擬態しているといわれるナナフシの仲間、ヤエヤマトガリナナフシがいます。この種も西表島や石垣島など八重山諸島の固有種です。葉の裏などに隠れていることが多いため、よく探してみてください。

ガジュマル

琥珀中の昆虫化石「テルユキイ」

中峰《なかみね》　空《ひろし》
箕面公園昆虫館
館長

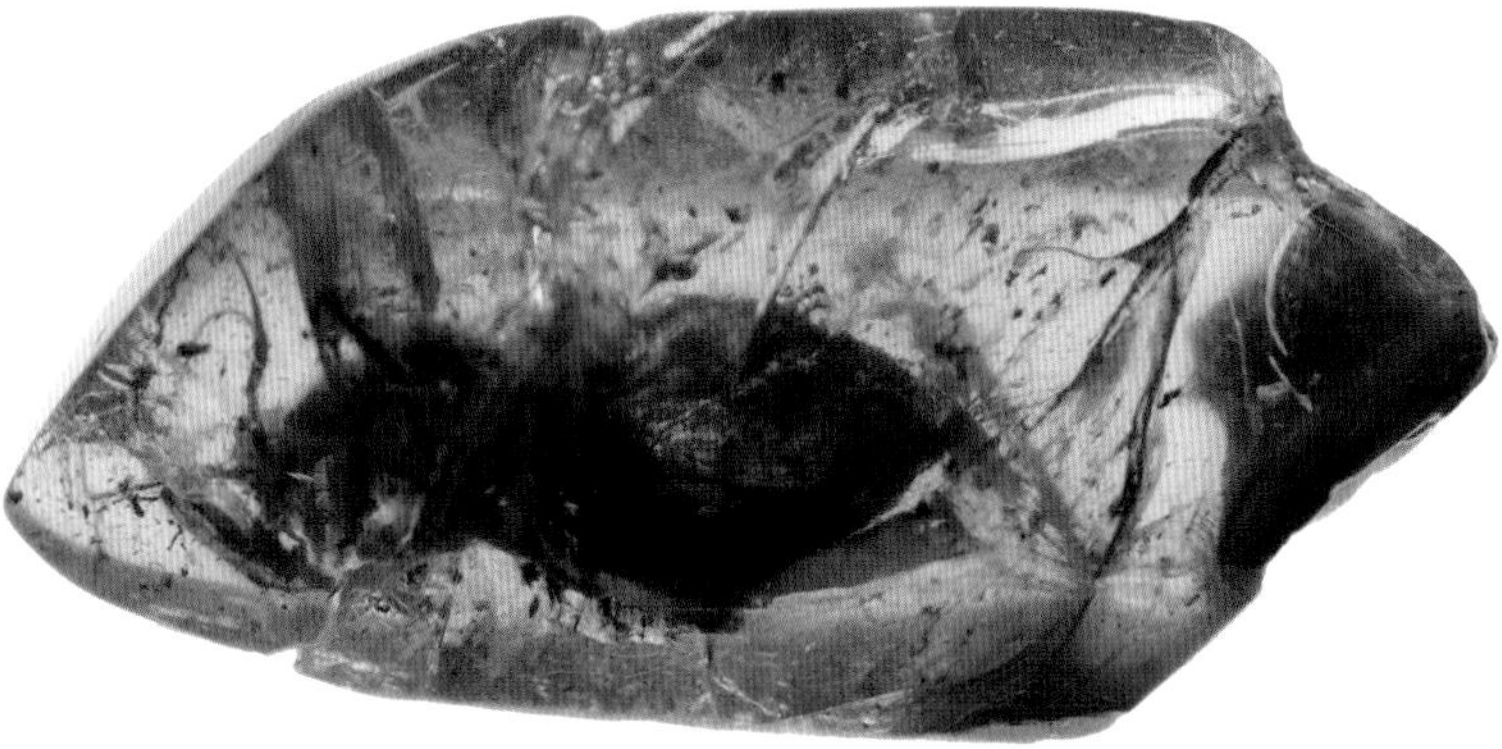

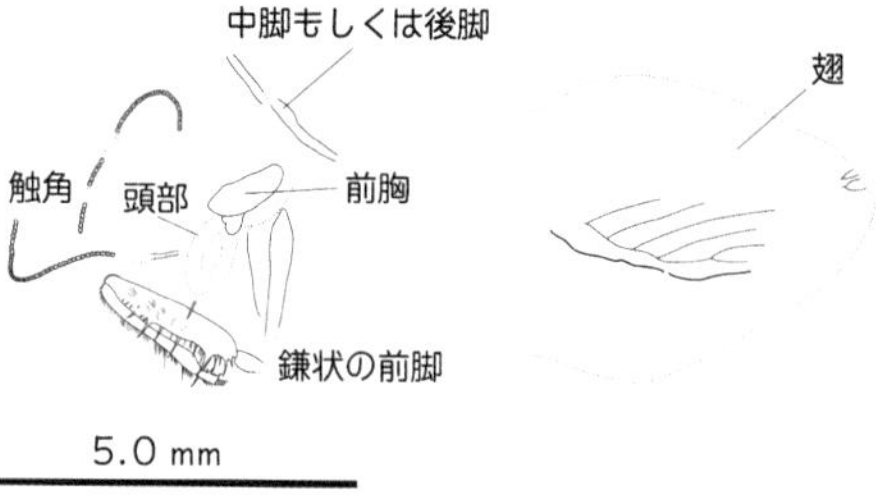

テルユキイのタイプ標本と線画。琥珀の大きさは幅18.6mm、高さ8.6mm、厚さ4.7mmの矢じり形。虫体の左側面と不完全な翅が見えています。

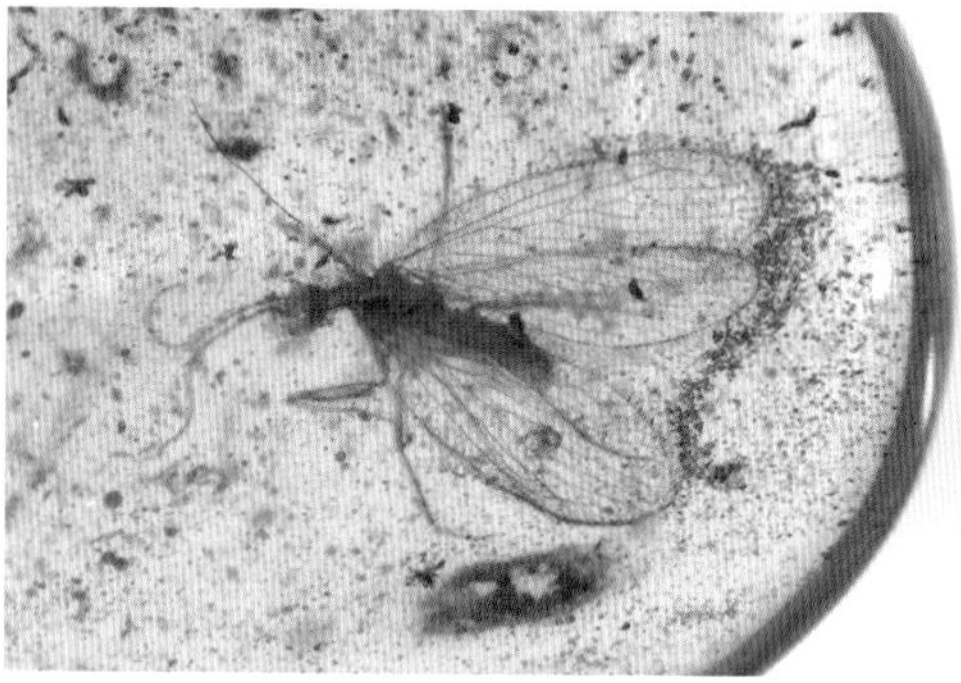

ミャンマー琥珀産トガマムシ化石
(約9900万年前の中生代白亜紀)

２０１８年12月、岩手県久慈市の約８６００万年前（中生代白亜紀）の地層から見つかった琥珀中の昆虫化石が、*Kujiberotha teruyukii*（クイベロータ・テルユキイ）として動物分類の専門誌ZooKeysに記載されました。今回はこのときの裏話をしたいと思います。

この雑誌に記載される一年ほど前のことです。私はカマキリの教科書を作りたいと考え、カマキリの進化について勉強することにしました。取り急ぎ、カマキリの化石の論文を片っぱしから集めて読み始めたところ、２００６年に発見された久慈琥珀の「カマキリ化石」が、ニュースに取り上げられただけで何の研究もされていないことがわかりました。

私は早速、この日本最古のカマキリ化石が収蔵されている久慈に赴き、実際に標本を調べてみることにしました。２０１８年4月末のことです。

持ち込んだ双眼実体顕微鏡で観察を始めると何かおかしい。疑問を残しながらも、白亜紀のカマキリだからと無理やり自分を納得させていました。そして、八戸駅で帰りの新幹線を待っていたときです。ふと、「カマキリモドキの仲間の化石って、どんなんやろう？」と思い立ち、その場で検索してみると、今回の化石とそっくりな写真が出てきました。

ただ、似ているけれどカマキリモドキとも違う。さらに調べてみると、アミメカゲロウ目

のカマキリモドキに近い何かだということが、おぼろげながらわかってきました。そこでいろいろと勉強を始めてみると、アミメカゲロウ目は化石の研究が盛んで、詳細な論文が豊富にあることがわかりました。ここがカマキリと大きく異なるところで、そもそもカマキリは化石そのものが少なく、そのため研究も進んでいないのが実情です。

いろいろと調べた結果、久慈琥珀の化石昆虫はカマキリモドキ上科の Rhachiberothidae（のちにトガマムシ科と和名を新称）であることがわかってきました。そこで共著者である山本周平博士から多大なる協力をいただいて、動物分類の専門誌 ZooKeys に投稿することにしました。これが２０１８年7月末のことです。その後、受理の連絡をもらいました。

ただこの時点では、香川照之さんへの献名の件が未解決のままでした。カマキリの化石を記載するのなら、カマキリ好きで有名

ヒメカマキリのメス成虫

な香川照之さんに献名することを思いつき、伊丹市昆虫館の長島聖大さんの友人である動物番組のスタッフ（Tさん）の懇意で連絡を取っていたのです。ただ、正式に記事が採用されるまでは、香川さんには話を伏せていたため、ここから香川照之さんの了承を得るべく時間との戦いが始まりました。Tさんを通じて香川さんへ連絡しましたが、香川さんはお忙しい方なので、なかなか連絡がつかない。そこで共著者の山本さんと協議し、香川さんからのお返事を待たずに最終原稿をこのままの形で投稿し、献名を固辞された場合は、校正の段階で学名を差し替えるという方針で進めることにしました。

そして迎えた最終締切日。昆虫館での仕事を終え、阪急箕面駅に向かっているときにスマホが鳴りました。Tさんからの電話で、「香川さんから了承を得ました」とのこと。Tさんの奔走と尽力に心からの感謝を伝え、私は帰路につきました。

これが、*Kujiberotha teruyukii* の学名が確定した瞬間です。

ブータンシボリアゲハ

山口就平氏提供

金子《かねこ》 順一郎《じゅんいちろう》
平尾山公園パラダ昆虫体験学習館
館長

ブータンシボリアゲハという、極めて珍しく大型のキレイなチョウをご存じでしょうか？　発見されてから80年近く、その正体が不明だったこのチョウの実物を、パラダ昆虫館では一般公開したことがあります。日本には東京の進化生物学研究所と東京大学総合研究博物館に1頭ずつしかない貴重なチョウの標本です。現在でも昆虫館での実物の展示は、全国的に見ても唯一の事例となっています。

ブータンシボリアゲハが属するシボリアゲハ属は、シボリアゲハ、シナシボリアゲハ、ウンナンシボリアゲハ、ブータンシボリアゲハの4種からなる小さな属ですが、いずれも非常に貴重な種類で、全種がワシントン条約で保護されています。

しかも、シボリアゲハの採集者が現地でトラの罠である埋めた竹槍にかかったり、日本の登山隊の遭難事故のときに採集されたチョウがウンナンシボリアゲハだったりと、ドラマチックなエピソードが豊富です。

私は、シボリアゲハ属4種のうち3種の生息地を実際に訪れたことがあります。いずれもアジアの山奥で、歩いてしか行けない秘境です。最初に訪れたのは40年も昔、現在ではもう絶滅してしまったシボリアゲハの生息地、北タイの北部です。実はこの時にブータンシ

シボリアゲハの生息地に隣接したケシ畑

シボリアゲハの生息地での若き日の筆者

ボリアゲハにつながる出来事がありました。

私は常に単独で昆虫調査をしていましたが、このときに入山前のふもとの村で、偶然にも山口就平氏、青木俊明氏、渡辺康之氏の3名とお会いしたのです。この3名は、のちにブータンシボリアゲハの再発見を行った調査隊に参加する研究者です。

彼らはシボリアゲハとは別の調査目的でたまたまこの地を訪れていたのですが、山口氏と青木氏は私の大学の先輩という事もあり、偶然を喜び合いながらしばし歓談した後、それぞれの調査を継続すべく別れました。そのとき私は、「時期ではないがシボリアゲハの生息地まで行ってみる」と、彼らに告げていました。もちろん季節外れのシボリアゲハなど痕跡も見つからなかったのですが、生息環境の写真撮影や、そのほかの珍しい昆虫の記録などが得られました。その後20年ほどたってから、私はシナシボリアゲハとウンナンシボリアゲハが生息する中国四川省も訪れ、実際にそれらのチョウの観察を行う機会も得ています。

２０１１年夏、山口就平氏から、北タイのシボリアゲハの生息地について聞きたいと電話がありました。『ブータンシボリアゲハ学術共同調査隊』を結束し、２０１１年8月の1ヶ月間、ブータン政府の許可の下、本種の再発見および生態解明に乗り出すというのです。その際に、可能であれば北タイのシボリアゲハ生息地も訪れてみたいとの希望があったようです。結果的には、このときに80年ぶりとなるブータンシボリアゲハの採集に成功することになり、私の情報が直接的に役立つことはありませんでした。

その翌年、全国昆虫施設連絡協議会の総会がパラダ昆虫体験学習館で開催されるにあたり、私は記念講演「ブータンシボリアゲハの再発見」を山口就平氏に依頼しました。この時に「できれば実物標本も持ってきて貰えませんか」とお願いしたのですが、国家間のプロジェクトにかかわる貴重な標本のため、当時は門外不出で実物標本展示は実現しませんでした。実際、このチョウの標本がある進化生物学研究所と東京大学総合研究博物館は、各地の博物館から何度も貸し出し依頼を受けていたそうですが、一貫して断るという姿勢だったようです。

しかし２０１８年になって状況が変わってきました。ブータンシボリアゲハ学術共同調

約80年ぶりに採集されたブータンシボリアゲハ（山口就平氏提供）

査隊の結成から年月が流れ、ブータン国王から下賜されたこの貴重な標本も、一般により広く知らしめることを目的に、所蔵機関以外での展示も認める、という方針になってきたのです。ちょうどそのタイミングで、パラダ昆虫体験学習館が企画した特別イベントが重なり、昆虫館としては初となるブータンシボリアゲハの展示へと結びつきました。

それが、2018年11月、私が館長を務めるパラダ昆虫体験学習館での秋の特別イベント「蝶の秋」の開催です。新しくコレクションに加わった蝶の標本のお披露目に合わせ、日本に2頭しかないブータンシボリアゲハの標本のうち、進化生物学研究所に所蔵されていた1頭を、イベントの目玉として展示したのです。

展示準備をする山口就平氏

パラダ昆虫体験学習館は、上信越自動車道に直結した立地ということで、観光地型の施設のため、入館者は小さな子どもたちが中心です。そのため普段の展示は、子どもがより興味を引くものを中心とした構成で、生きているヘラクレスオオカブトの周年展示などがメインです。しかし「蝶の秋」の開催には、より高い年齢層、簡単に言えばマニアックな人たちも多く集まりました。

チョウ好きの大人が、自分の標本を持って、展示物と比べてみる、などという光景も見られました。特別イベントとしては、いつもと違う入館者にも見てもらう機会が増えたため、成功と言える内容でした。

【参考文献】
「ブータンシボリアゲハの再発見」山口就平　昆虫園研究　Vol.14,2013

ぷくぷく標本

渡部《わたなべ》 晃平《こうへい》
石川県ふれあい昆虫館
学芸員

オニヤンマの終齢幼虫

タイワンタガメの5齢幼虫

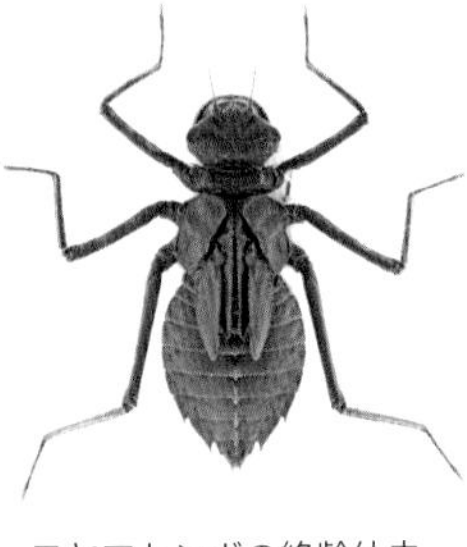

コヤマトンボの終齢幼虫

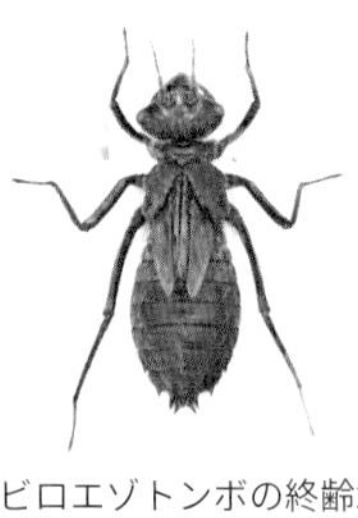

ハネビロエゾトンボの終齢幼虫

ヒメフチトリゲンゴロウ
の3齢幼虫

タイワンオオミズスマシ
の3齢幼虫

液浸標本から乾燥標本へ

昆虫の標本というと、クワガタムシやカブトムシ、チョウやガなどの成虫を乾燥させたものを想像すると思います。ただ、コウチュウ目やトンボ目などの幼虫は、乾燥させてしまうと干物のように萎んでしまうため、液浸標本により保管・展示されるのが一般的でした。コウチュウ目とは、クワガタムシやゲンゴロウ、色鮮やかなタマムシなどの昆虫です。液浸標本は、生物をアルコールなどの入ったガラス瓶で保存する方法で、学校や博物館などで見たことがあると思います。『ホルマリン漬け』と呼ばれているアレです。

液浸標本は、作製が容易で保管に適しているなどの利点があるため、目にする機会が多いですが、展示上の見た目が悪い、残酷に見える、縮小や脱色が起きる、保管に多くのスペースが必要などの欠点があります。また、ガラス瓶の中のアルコールであるエタノールを、定期的に入れ替える必要があるため、コストや手間がかかるなどの欠点もあります。

そこで石川県ふれあい昆虫館では、より魅力的な幼虫標本を展示するため、生きているときに近い形態を保ったまま乾燥標本化できる「ぷくぷく標本」という技術の開発に取り組みました。乾燥させると干物のように萎んでしまうコウチュウ目、トンボ目、カメムシ目、カワゲラ目の一部の幼虫を、ぷくぷく膨らませた状態のまま乾燥させることに成功したのです。これにより、生きているときと近い見た目で展示できるだけでなく、安いコストで、しかも比較的短期間で標本化することが可能になりました。

作製の手順は、①殺虫、②脱水、③ぷくぷく化、④展足（ピンで体や脚、触覚などを固定することで、標本の形に整えること）、⑤乾燥の5段階です。まず初めに、幼虫をエタノールに漬け、殺虫と脱水を行います。この作業では脱水が重要な鍵となるため、エタノールの濃度は80％以上のものを使用します。大きさにもよりますが、最低でも一日以上は脱水処理を行います。

ゲンゴロウの幼虫のように体が長く、脱水過程で体が湾曲してしまう幼虫については、一度お湯に浸けて殺虫し、形を整えてからエタノールに漬けた方が、より成功の確率が上がります。ヤゴ（トンボ目の幼虫）はお湯に浸けると変色してしまうため注意が必要です。

次の「ぷくぷく化」ですが、こちらはなんと幼虫を衣料用漂白剤に浸けます。萎んだ幼虫を衣料用漂白剤に浸すと、幼虫の周りにたくさんの泡が発生し、幼虫がぷくぷくと膨らんでくるのです。泡が出なくなったら終了です。

その後、展足で形を整え、冷凍庫または常温で乾燥させます。縮みやすい虫の場合、冷凍乾燥がお勧めです。虫の大きさによって乾燥期間は異なりますが、冷凍だと一カ月以上は乾燥させる必要があります。乾燥期間は非常に重要で、虫の大きさによって調整が必要です。また乾燥を終えて冷凍庫から取り出すと、結露が発生して幼虫が柔らかくなります。この結露を防ぐため、仕上げとしてドライヤーの温風ですぐに乾燥させます。常温になり、乾燥しているのを確認したら完成です。

この方法が使える昆虫の種類はまだ限られていますが、「ぷくぷく標本」によって、全国の博物館や昆虫館で標本展示の幅が広がることが期待されています。

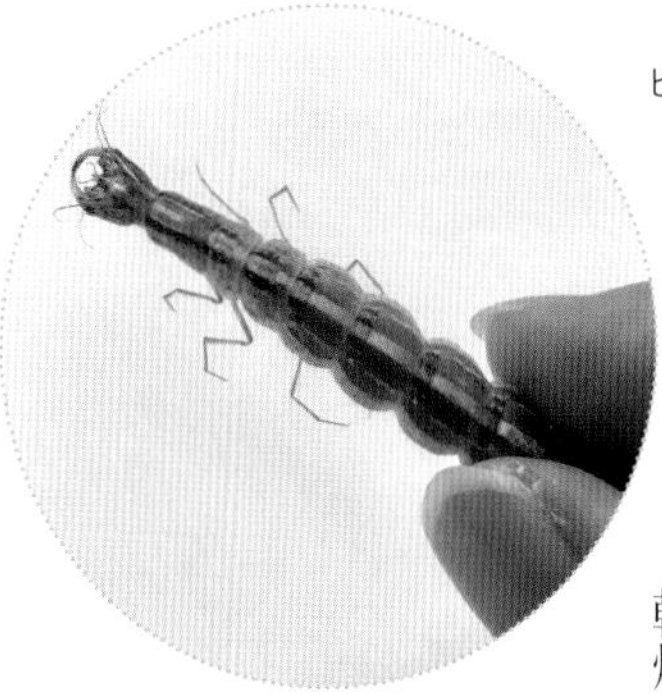

ヒメフチトリゲンゴロウのぷくぷく標本

【参考文献】
「コウチュウ目幼虫における乾燥標本の作製方法」渡部晃平　さやばねニューシリーズ　No.34,2019
「標本革命 ―ぷくぷく標本のすすめ―」渡部晃平　昆虫園研究　Vol.21,2020

昆虫と私

生態園

田村《たむら》 隼人《はやと》

東京都多摩動物公園
昆虫園飼育展示係

先輩の渡辺さん（右）と

皆さんにとって最初の記憶はなんですか？　私の最初の記憶はベビーカーについていたテントウムシの形をした虫除けの機械を触っている記憶です。思えばこの時から私は虫が好きだったのかもしれません。このように虫好きから人生がスタートしている私は、虫と共に生きてきたと言っても過言ではありません。今回は、そんな私の人生における虫とのターニングポイントについて書こうと思います。

ターニングポイント①「累代飼育のススメ」

最初のターニングポイントは、小学校に入ってすぐのことです。コクワガタを捕まえた私は、去年の夏にカブトムシを飼育していたケースを、庭の物置にしまっておいたことを思い出しました。ケースを物置から取り出し、中を確認すると、入れた覚えのない小型のカブトムシの成虫が入っているではありませんか。そうです、去年のカブトムシが知らない間に卵を産み、育って成虫になっていたのです。卵は自然の森林でしか産まないと思いこんでいた当時の私は、カブトムシを自分で殖やすことができるという事実に打ち震えました。

ターニングポイント②「生態園との出会い」

　こちらも小学校時代の出来事で、多摩動物公園を訪れたときのことです。生態園の中に入った私は、チョウたちが乱舞する光景を目の当たりにしたのです。私の心は狂喜乱舞し、筆舌に尽くしがたい感動を覚えました。「こんなにいろいろなチョウが飼えるなんてすごい！　そもそもチョウって飼えるんだ」と思う反面、なんだか悔しさやうらやましさも感じました。同時に、「こんな天国みたいな所で働きたい！」と強く思い、多摩動物公園の昆虫園で働くことを人生の目標に据えたのです。すぐに影響される私は、モンシロチョウを大量に飼育して自分の部屋に放ってみましたが、だいたいが行方不明になってしまい、羽化後は外に逃がそう……と、泣く泣く部屋を生態園にすることを諦めた思い出があります。

ターニングポイント③「昆虫学研究室」

高校生になり、進学を考え始めた頃です。友人から某農大のオープンキャンパスに行かないかと誘われました。当初はあまり乗り気ではありませんでしたが、友人の「昆虫の研究室あるよ」の一言で快諾することに。当日、意気揚々と昆虫学研究室に行くと、教授が参加者のために研究室の説明をしてくれました。質疑応答のとき、一緒に説明を聞いていた保護者の一人が「この研究室を出たらどんなところに就職できますか？」と質問しました。それに教授が「必ずしも昆虫関係の仕事につくわけではありませんが、多摩動物公園の昆虫園に就職した学生はいます」と答えた一言で、私はその研究室に入ることを決意しました。

そして、この大学に進学し、昆虫学研究室に入って昆虫浸りの大学生活を送ることになるのです。しかし人生の目標だった多摩動物公園の昆虫園の就職は、残念ながら新卒での採用はかないませんでした。

「そんなに上手くはいかないよな……」と思いながらも、夢を諦めきれずに翌年も東京動物園協会の試験を受け、いまこうして多摩動物公園の昆虫園で働いています。ちなみに、オープンキャンパスで教授が話していた「多摩動物公園の昆虫園に就職した先輩」が、198ページの写真で一緒に写っている渡辺さんになります。私は学童保育で働いていた経歴があり、そのとき「我々は子どもにとってのモデルケースである。」というお話がありました。同様に、私の経験が皆さんのモデルケースとして何かのお役に立てれば幸いです。

池田《いけだ》　大《ひろし》
橿原市昆虫館
学芸員

ひとはくハチ北サマースクールに参加したときの様子（小学６年生）

虫好きの少年が昆虫館職員に！

橿原市昆虫館にて

子どもたちやその保護者の来館者の方から、「昆虫館で働くにはどうしたらいいですか？」と、質問されることがしばしばあります。

私も小学生のとき、同じ質問をしたことがあります。そして実際に昆虫館で働くようになったいま、この質問に対し、「いま働いている誰かが辞めれば枠が空きます。そのとき、運がよければ働くことができるかもしれません」と、夢も希望もない回答をしそうになりますが、困ったことに実際にそうなのです。しかし一方で、買わない宝くじは当たりません。ここでは、私が縁あって昆虫館で働くようになった経緯について紹介します。

兵庫県で生まれ育った私は、各学校に1人はいる「昆虫博士」と呼ばれるタイプの小学生でした。将来の夢は、昆虫博士になること。博士とは何なのかもよく分からないのに、漠然とそう思っていました。そんな私の転機となった出来事が、小学4年生の冬にありました。12月に自宅の庭でオオカマキリを見つけたのです。「えらい長生きやなー」と観察を続けていると、1月になってもまだ活動しているではありませんか！　不思議に思い、保育園の頃に遠足で行った伊丹市昆虫館なら分かるかもしれないと考え、ドキドキしながら電話で聞いてみることにしました。緊張しながら話したのを、今でも覚えています。

ご対応くださった学芸員さんから、「新しく群馬にできる昆虫館の館長であり、日本の昆虫館の父ともいわれる矢島稔先生が次回のイベントで講演に来られるので、その時に聞いてみたらどうでしょうか」と提案され、予想外の言葉に驚きながらも「行きます！」と、二つ返事で講演会への参加を決めました。

この講演会をきっかけに伊丹市昆虫館友の会（以下、友の会）の存在を知った私は、小学5年生の春から入会し、月に何度も昆虫館に通うようになりました。

友の会のメンバーになって気づいたことがいくつかあります。まず昆虫好きの人がこんなにもいるのかという驚きです。それまで私は生活の中で、自分より虫好きの人に出会ったことがなく、自分は異質なのだと思い込んでいました。虫好きの人たちとの空間に安心し、興奮し、友の会のイベントがある日は、私にとって特別な日になったのです。

「学芸員」という仕事を知ったのも、友の会に入会してからです。昆虫館、動物園、水族館、博物館、美術館などは、小さい時から好きでしたが、そこで働く人がいることを、それまで意識したことがありませんでした。しかし、友の会の活動に参加するようになり、学芸員の

小学４年生のときに矢島先生と

方々が身近になったことで、その仕事に興味を持ち、やがて憧れるようになりました。

そして小学6年生の秋、友の会の観察会に参加していた私は「将来、昆虫館で働くにはどうしたらいいですか」という、例の質問を学芸員の方にしてみることにしました。歩きながらの会話でしたが、とても丁寧に教えてくださったことを覚えています。

「昆虫館で働くには、昆虫の専門的知識が求められるから、昆虫学の研究室がある大学で勉強する必要がある。大学では「学芸員資格」を取得するといい。また、学芸員という仕事は狭き門のため就職は激しい競争になる。だから、大学院に進学して研究を重ね、修士や博士になることも考えたほうがいい。ただ、それでも働く人の枠には制限があるから、必ずしも働けるとは限らない」というような内容でした。

厳しい現実を知り、将来の夢を叶えるには、きちんと勉強をする必要があると、これまで不真面目だった自分のことを反省した瞬間でした。

その後、愛媛大学の環境昆虫学研究室に進学し、三田市有馬富士自然学習センター（キッピー山のラボ）で3年勤務したのち、現在の橿原市昆虫館で働く機会を得ました。

運が良かっただけかもしれませんが、ここでは書ききれないくらいのたくさんの方とのご縁があったおかげで、いまがあることも確かです。

虫に出会えてよかった

齋藤《さいとう》 加那子《かなこ》
(公財)宮崎文化振興協会
大淀川学習館
学芸員

アジサイとハラビロカマキリの幼虫

金色の目をしたノコギリクワガタ

子どもの頃、私はあることがきっかけで、虫が苦手になりました。

幼少期に住んでいたマンションは庭付きで、そこにやってくるカマキリやバッタを捕まえては、楽しく遊んでいた時期もありました。けれどもそんなある日、とても大きなカマキリを見つけたのです。私はその大きさに驚くばかりで、それがオオカマキリだったのか、ハラビロカマキリだったのか、それ以外だったのかはわかりません。当時はカマキリに種類があることを知らなかったため、調べようとも思わなかったのです。当時の私が唯一理解したことは、「カマキリに指を切られると血が出て痛い」ということです。この経験で私は、「虫は怖い」と強く印象づけられ、虫もトカゲも捕まえるのはやめよう、触らないようにしようと考えるようになりました。しかも成長とともに、ますます生き物を嫌悪するようになったのです。もしあのとき、オオカマキリとハラビロカマキリの違いを誰かが教えてくれていたら……。カマキリに傷つけられない触り方を教えてくれていたら……。虫を好きになれていたかもしれない。そう気づいたのは、大淀川学習館に勤めはじめてからです。

このように生き物には興味がなかった私ですが、環境保全に携わる仕事がしたいと考えていたこともあり、大学では環境系の学科に進みました。そしてこれがきっかけとなり、現職に就職することになったのです。カブトムシを触ったり、ザリガニを触ったりすることもある、と聞いて戦々恐々として入社しましたが、飼育員の飼育生体への愛情や、知識の深さに触れるにつれ、少しずつ私の中にも生き物への興味関心が芽生えてきました。

就職した当初、先輩から「このアカメちゃん、顔が可愛いですよね。」と言われたときは「サカナに顔の違いがあるんですか！」と本気で聞き返していた私ですが、先輩はそれだけたくさんの生き物を見てきたということなのでしょう。

ハラビロカマキリとオオカマキリを並べて展示しているのを見て、「あの時、私の指を傷つけたのはどっちだったんだろう？」と思い返せたのも、ここで仕事をすることができたからです。昆虫館に来ていなかったら、きっと一生虫嫌いのまま、オオチャイロハナムグリの素敵な香りを知ることも、カミキリムシの幼虫の美味しさを知ることもなかったはずです。たくさんの生き物を知ることで、私の世界が大きく広がったのです。

幼少期にこんなにも面白い世界を知らずに生きてきたことが、もったいなかったと思うことがあります。生き物を取り扱う施設で働く者として、子どもたちにたくさんの面白いものを教えてあげたい、私自身ももっとたくさんの生き物について学んでいきたい、と思うようになりました。

雨宿りをするオオカマキリ

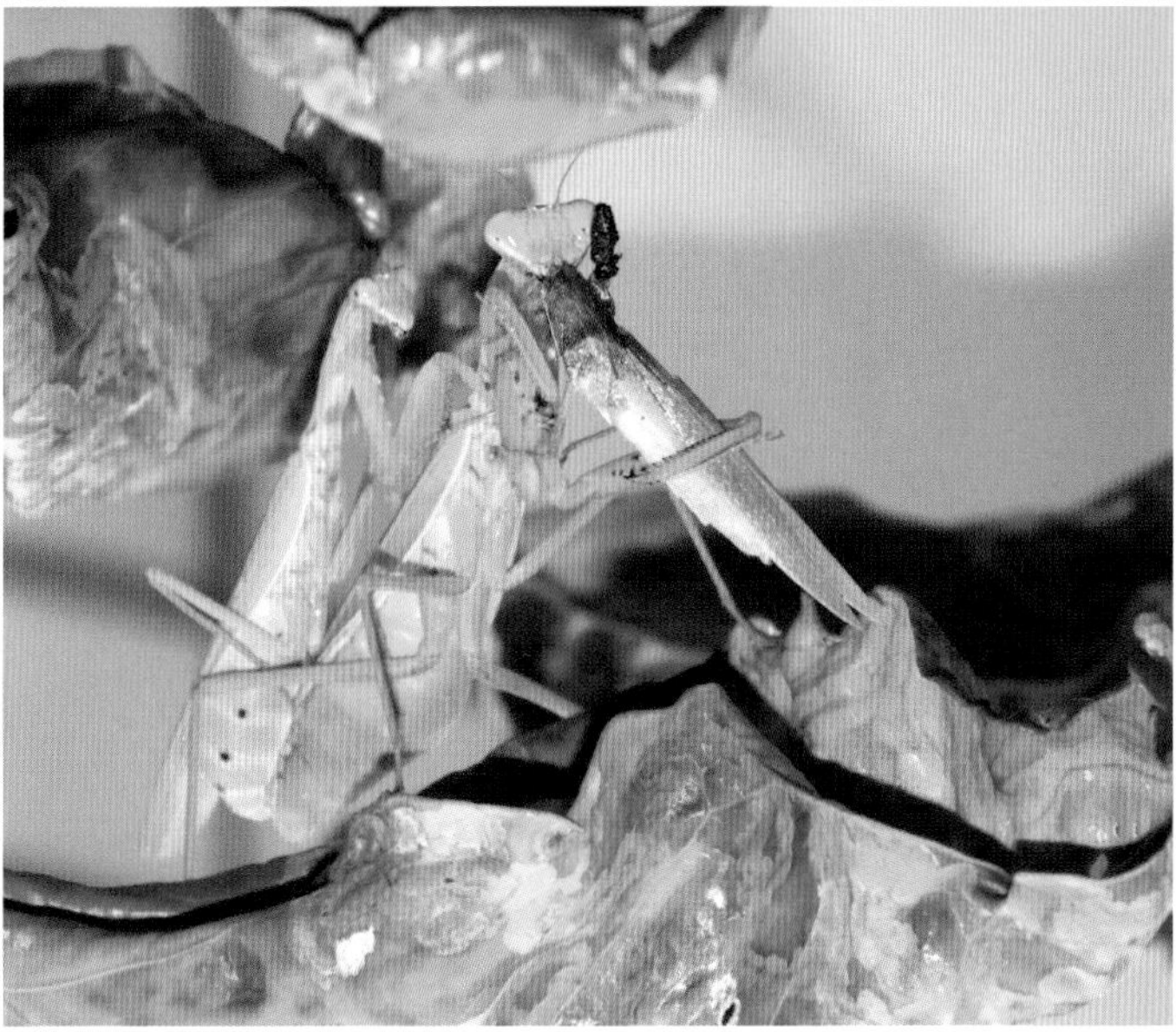

交尾をするハラビロカマキリ

昆虫館へ行こう！

❶ 丸瀬布昆虫生態館

沖縄の蝶が飛ぶ温室や世界のカブトムシ・クワガタムシ、地元北海道の昆虫など、生き物いっぱいの昆虫館です。隣接する森林公園を走るＳＬ「雨宮21号」と共に、「本物」が「生きている」姿を見ることのできる施設です。

住 〒099-0213　北海道紋別郡遠軽町丸瀬布上武利68 電 0158-47-3927 開 4〜10月 9:00〜17:00、11〜3月 10:00〜16:00 休 火曜日（祝日の場合は翌日）、年末年始　※夏休み期間中およびGWは無休 料 大人 420円、小中高生 160円、幼児無料ほか 駅 JR「石北本線丸瀬布駅」から町営バス「いこいの森」下車

❷ 胎内昆虫の家

地元胎内で研究を続けた世界的昆虫学者、馬場金太郎博士のコレクションを収めた昆虫館です。世界や日本の昆虫標本だけでなく、生きた昆虫の生態展示や体験なども充実しており、昆虫の世界を楽しく学ぶことができます。

住 〒959-2822　新潟県胎内市夏井1204-1 電 0254-48-3300 開 9:00〜17:00※ 開 月曜日（祝日の場合は翌日）、冬期間（12月1日〜3月19日）料 一般410円、小中学生260円 駅 JR羽越本線「中条駅」から車で20分

❸ アクアマリンいなわしろカワセミ水族館

福島県内で見られる淡水生物たちを中心に、魚類、カワセミ、カワウソなどを展示。なかでも「おもしろ箱水族館・生物多様性の世界」では、県内で見られるゲンゴロウを中心とした水生昆虫など約80種類を見ることができます。

住 〒969-3283　福島県耶麻郡猪苗代町大字長田字東中丸3447-4 電 0242-72-1135 休 3〜10月 9:30〜17:00※、11月〜2月 9:30〜16:00※ 開 年中無休 料 高校生以上700円、小中学生300円、未就学児無料ほか 駅 JR磐越西線「猪苗代駅」からタクシーで10分 Tw @InawashiroAQ

❹ ふくしま森の科学体験センター　ムシテックワールド

科学実験、工作、自然体験プログラム等を通して、自然科学を楽しむことができます。巨大な昆虫模型のある展示室では、昆虫の不思議な生態や環境と共存する様子を知ることができます。世界のカブト・クワガタの展示もあります。

住 〒962-0728　福島県須賀川市虹の台100 電 0248-89-1120 開 9:00〜16:30 休 月曜日（祝日の場合は翌日）、年末年始 料 大人410円、高校・大学生200円、小・中学生100円、未就学児無料ほか 駅 JR「須賀川駅」から12km

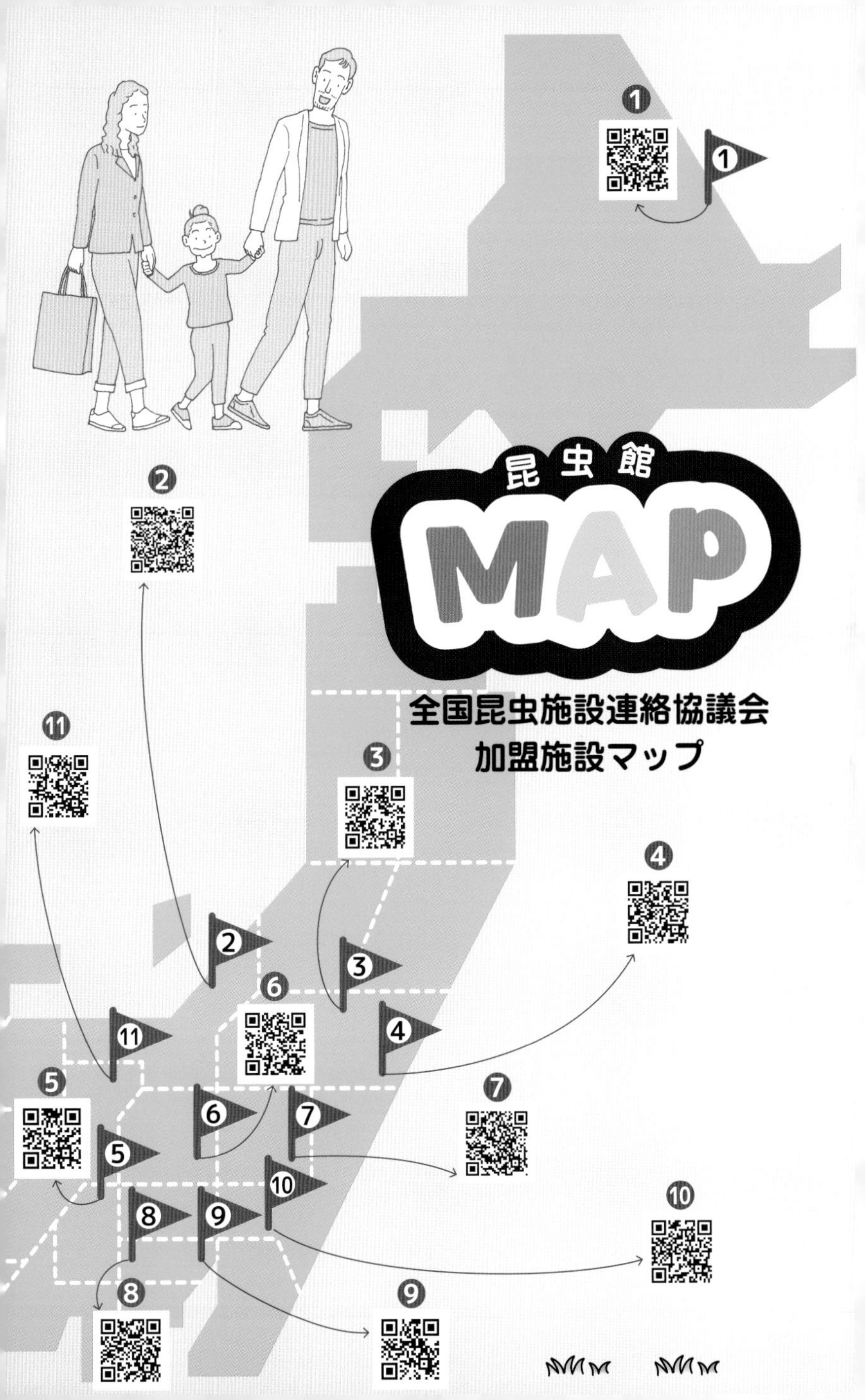
昆虫館
MAP
全国昆虫施設連絡協議会
加盟施設マップ

❺ 北杜市オオムラサキセンター

国蝶オオムラサキの日本一の生息地にある昆虫館。オオムラサキの生態を1年を通して観察できるほか、施設周囲に広がる約6haの里山を活用した昆虫観察会や、木工工作体験など、多種多様な体験プログラムを開催しています。

住 〒408-0024　山梨県北杜市長坂町富岡2812 **電** 0551-32-6648 **開** 7～8月 8:30～19:00※、12～3月 9:00～16:00※、それ以外の期間 9:00～17:00※ **休** 月曜日（祝日の場合は翌日）、年末年始、夏季（7月下旬~8月）無休 **料** 大人420円、小中学生200円、北杜市内通学中の小中学生無料 **駅** JR中央線「日野春駅」から徒歩15分、または市民バス「北杜高校 バス停」下車徒歩1分 **Tw** @oomurasaki_cntr

❻ 群馬県立ぐんま昆虫の森

40ha以上の広大な里山で昆虫をはじめとする生き物とのふれあいや観察ができる施設。昆虫観察館では里山や外国産の昆虫などの生きた昆虫や標本の展示のほか、企画展や季節展、体験イベント等も開催しています。

住 〒376-0132　群馬県桐生市新里町鶴ヶ谷460-1 **電** 0277-74-6441 **開** 4～10月 9:30～17:00※、11～3月 9:30～16:30※ **休** 月曜日（祝日の場合は翌日）、年末年始 **料** 大人410円、大学・高校生200円、中学生以下無料ほか **駅** 東武鉄道「赤城駅」からタクシー10分、または上毛電鉄「新里駅」からタクシー10分 **Tw** @konchuu05

❼ 栃木県井頭公園花ちょう遊館

「花ちょう遊館」の「花」は高山植物・熱帯植物、「ちょう」は熱帯・亜熱帯性の鳥と蝶を意味します。「チョウゾーン」ではブーゲンビレアなどの花が咲く中を6種類前後、約150頭の蝶が飛び交っています。

住 〒321-4415　栃木県真岡市下籠谷99 **電** 0285-83-3121 **開** 9:00～16:30※ **休** 火曜日（祝日の場合は翌日）、年末年始 **料** 大人440円、高・中・小学生220円、幼児無料ほか **駅** JR「宇都宮駅」から関東バス（真岡行き）「大内西小前」下車、徒歩30分

❽ 東京都多摩動物公園　昆虫園

多摩動物公園の中にある昆虫館です。大温室で放し飼いにしているチョウやバッタなどを観察できる昆虫生態園と、外国産のハキリアリやグローワームなどの珍しい昆虫に出会える昆虫園本館の二つの建物があります。

住 〒191-0042　東京都日野市程久保7-1-1 **電** 042-591-1611 **開** 9:30～17:00（昆虫園は16:30まで、動物園入園は16:00まで） **休** 水曜日（祝日や振替休日、都民の日の場合は翌日）、年末年始 **料** 大人600円、中学生200円、小学生以下無料。※ 都内在住の中学生無料ほか **駅** 京王線・多摩モノレール「多摩動物公園駅」から徒歩1分 **Tw** @TamaZooPark

⑨ 足立区生物園

昆虫をはじめ、魚類、両生類、は虫類、鳥類、哺乳類など約500種の生き物を飼育・展示しています。チョウの大温室や観察展示室など、さまざまな生き物について「知る」「ふれあう」機会を提供することに力をいれています。

住 〒121-0064 東京都足立区保木間2-17-1 電 03-3884-5577 開 2〜10月 9:30〜17:00※（足立区が定める夏休み期間中は17:30※まで）、11月〜1月 9:30〜16:30※ 休 月曜日（祝日場合は翌日）、年末年始 ※ 足立区が定める夏休み期間中は無休 料 高校生以上300円、小中学生150円、未就学児無料ほか 駅 東武スカイツリーライン「竹の塚駅」東口からバス、花畑団地行き、または綾瀬行き「保木間仲通り」下車徒歩5分 Tw @seibutuen_info

⑩ つくば市立豊里ゆかりの森昆虫館

里山の自然公園、豊里ゆかりの森にある昆虫館です。里山の雑木林には国蝶のオオムラサキをはじめ、カブトムシやクワガタムシ、オニヤンマなどの昆虫が生息しており、里山の昆虫の四季の変化を体感することができます。

住 〒300-2633 茨城県つくば市遠東676 電 029-847-5061 開 9:00〜16:30
休 月曜日（祝日の場合は翌日）、年末年始 料 大人220円、小人（小中高）110円ほか
駅 つくばエクスプレス「研究学園駅」からつくバスで10分

⑪ 平尾山公園「パラダ」昆虫体験学習館

「昆虫探検」や「標本教室」など、子どもから大人まで楽しめる体験プログラムが豊富な施設。夏のみオープンの「カブトムシドーム」では数百頭のカブトムシが、木々の間を飛び交う自然の様子を観察できます。

住 〒385-0003 長野県佐久市下平尾2681 電 0267-68-1111 開 9:30〜17:00※
休 なし（臨時休館する場合あり） 料 大人200円、小人（4歳〜15歳）100円ほか
車 上信越自動車道佐久平PA第二駐車場からエスカレーター直結

⑫ 竜洋昆虫自然観察公園

「サッカーとトンボのまち」磐田市にある、虫と人があつまる昆虫公園。毎年好評の「GKB48総選挙（ゴキブリ総選挙）」や、名物キャラの「こんちゅうクン」など、自由かつユニークな切り口が人気です。

住 〒438-0214 静岡県磐田市大中瀬320-1 電 0538-66-9900 開 9:00〜17:00※
休 木曜日（祝日、正月、GW、夏休み期間は開館）、年末 料 大人330円、小中学生110円、幼児無料ほか 駅 JR「磐田駅」から遠鉄バス掛塚線「小島」下車後徒歩20分（土日のみ「磐田駅」「豊田町駅」から無料シャトルバスあり） Tw @_ryukon

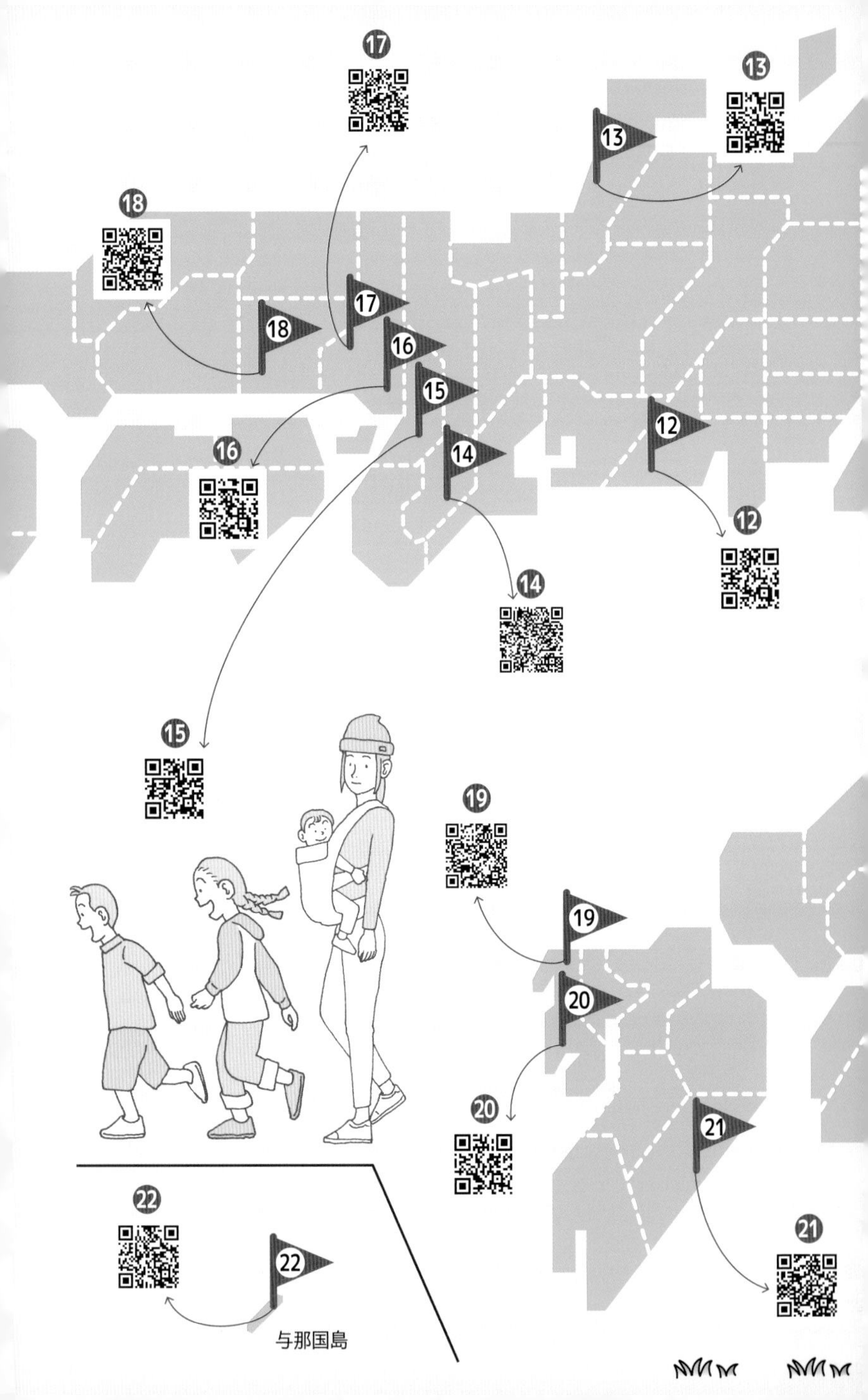
12
13
14
15
16
17
18
19
20
21
22
与那国島

⑬ 石川県ふれあい昆虫館

自然豊かな白山麓に位置する、日本海側最大級の昆虫館。標本や展示パネルを見るだけでなく、昆虫と触れ合うなど様々な体験ができる施設となっています。ゲンゴロウ類などの希少昆虫の飼育繁殖にも取り組んでいます。

住 〒920-2113　石川県白山市八幡町戌３番地 電 076-272-3417 開 4～10月 9:30～17:00※、11～3月 9:30～16:30※ 休 火曜日（祝日の場合は翌日）、年末年始 料 大人410円、小中高生200円、幼児無料ほか 駅 北陸鉄道石川線「鶴来駅」から徒歩20分 Tw @FurekonOfficial

⑭ 橿原市昆虫館

四季を通じ沖縄八重山地方の蝶が舞う放蝶温室など、昆虫のことを見て・聞いて・触って・感じることができる昆虫館です。「生き物とのふれあい」と「自然体験」をテーマに、生涯学習の場として利用できる施設です。

住 〒634-0024　奈良県橿原市南山町624 電 0744-24-7246 開 4～9月 9:30～17:00※、10～3月 9:30～16:30※ 休 月曜日（祝日の場合は翌日）、年末年始、夏休み期間中の月曜日は開館 料 大人520円、高・大学生410円、4歳以上中学生まで100円ほか 駅 近鉄「大和八木駅」南出口から橿原市コミュニティバス、「橿原市昆虫館」下車 Tw @KashiharaKonchu

⑮ 箕面公園昆虫館

東京の高尾、京都の貴船と並び「日本三大昆虫宝庫」と称される「箕面」の森の昆虫館。身近な昆虫から遠い海外の昆虫の標本や生体を幅広くとりあげ、驚きと発見を提供できる展示を通し、広くて深い昆虫の世界の魅力を発信。

住 〒562-0002　大阪府箕面市箕面公園1-18 電 072-721-7967 開 10:00～17:00※ 休 火曜日（祝日の場合は翌日）、年末年始 料 高校生以上280円、中学生以下無料ほか 駅 阪急箕面駅から徒歩15分（駐車場はありません） Tw @mino_insect

⑯ 伊丹市昆虫館

昆虫をはじめとする生きものとふれあい、親しみながら自然環境について理解を深めることができる、生きた昆虫の博物館。楽しみながら発見できる展示やユニークな内容の企画展が好評です。オリジナルグッズも充実しています。

住 〒664-0015　兵庫県伊丹市昆陽池3-1 電 072-785-3582 開 9:30～16:30※ 休 火曜日（祝日の場合は翌日）、年末年始 料 大人400円、中高生200円、3歳～小学生100円ほか 駅 JR宝塚線「伊丹駅」から市バス「松ヶ丘」または「玉田団地」下車 Tw @itakon25

⑰ 佐用町昆虫館

山間部にある小さな昆虫館。兵庫県昆虫館の閉館を惜しむ声を受け、昆虫学者や市民がNPOを結成して運営を引き継ぎました。「こどもとむしの秘密基地」を合い言葉に、昆虫や小動物に触れる体験の場を提供しています。

住 〒679-5227 兵庫県佐用郡佐用町船越617 電 0790-77-0103 開 4月〜10月の土曜・日曜・祝日のみ開館(予約制)10:00〜16:00 休 平日、11月〜3月 料 無料 車 中国自動車道「山崎」または「佐用」インターから、車でそれぞれ約21km、25〜30分

⑱ 広島市森林公園こんちゅう館

一年中チョウを見ることができる「パピヨンドーム」と、多様な生きた昆虫を展示する「昆虫ランド」。常時約50種1,000頭以上の生体展示は、昆虫館として西日本一です。体験イベントも充実した虫とふれあえる昆虫館です。

住 〒732-0036 広島市東区福田町字藤ヶ丸10173 電 082-899-8964 開 9:00〜16:30※ 休 水曜日(祝日の場合は翌日)、年末年始 料 大人510円、高校生170円、小中学生・乳幼児無料ほか 車 山陽自動車道 広島東インターから車で10分、または広島駅から車で30分 Tw @Hirokon_insect

⑲ 平戸市たびら昆虫自然園

かつての日本の原風景であった畑、小川、池、雑木林、草はらなどの里山の環境を再現し、そこに集まる昆虫などの生きものを自然のままに観察していただく施設です。解説員が常時、解説案内を行っています。

住 〒859-4823 長崎県平戸市田平町荻田免1628-4 電 0950-57-3348 開 9:00〜17:00(入園は16:00まで) 休 月曜日(祝日の場合は翌日)、年末年始 料 大人・高校生410円、小学生・中学生310円、幼児(4歳以上)150円 駅 松浦鉄道「たびら平戸口駅」から車で7分

⑳ 長崎バイオパーク

生き物たちとのふれあいが楽しめる動物園です。さまざまな昆虫の生体や標本などを観察できるだけでなく、温室ドームの中に入ると、亜熱帯から熱帯に生息するチョウたちが優雅に飛び回るさまを間近で見ることができます。

住 〒851-3302 長崎県西海市西彼町中山郷2291-1 電 0959-27-1090 開 10:00〜17:00(入園は16時まで) 休 年中無休 料 大人1700円、シニア(60歳〜)・中高生1100円、3歳〜小学生800円 車 西九州自動車道佐世保大塔ICより車で約40分(ハウステンボスより無料シャトルバス(1日3往復・要予約)あり) Tw @ngsbiopark

㉑（公財）宮崎文化振興協会　大淀川学習館

宮崎を流れる大淀川の自然や生態系について体験・学習できる施設です。チョウが舞う「チョウのへや」や、高画質の立体映像を導入した「川のシアター」など、「見て、ふれて、楽しく学ぶ」体験型の施設となっています。

住 〒880-0035　宮崎県宮崎市下北方町二反五瀬5348番地1 **電** 0985-20-5685 **開** 9:00～16:30 **休** 月曜日（祝日を除く）、休日の翌日（土曜日・日曜日・休日を除く）、年末年始 **料** 無料 **駅** JR九州「宮崎神宮駅」から車10分または、宮交バス「大淀川学習館前」下車徒歩１分

㉒ アヤミハビル館

翅を広げた大きさが24cmにも達する世界最大級の蛾、ヨナグニサン（方言名：アヤミハビル）について展示しています。与那国の人々とアヤミハビルの関わり、絶滅危惧種や与那国島の環境保全活動について学ぶことができます。

住 〒907-1801　沖縄県八重山郡与那国町字与那国2114 **電** 0980-87-2440 **開** 10:00～16:00 **休** 火曜日、祝祭日、6/23、年末年始 **料** 大人（高校生以上）500円、小人（小中学生）300円ほか **車** 与那国空港から車で約15分 **Tw** @YonakamaClub

※　入館（園）は閉館（園）の30分前まで

2021年6月現在の情報です。最新の開館時間や開館日、料金等の情報については、各施設のホームページをご確認ください。

●節足動物《せっそくどうぶつ》

関節のある足をもち、体表が外骨格で覆われるなどの特徴を持つ生物。全ての動物の中で最も種数が多く、多様性に富む存在。昆虫や甲殻類（カニやエビなど）、クモ、ダニ、ムカデなどが含まれる。

昆虫は節足動物

●種《しゅ》

種（species）とは、生物分類学の基準となる重要な単位。「交配して子孫を残すことができる生物のグループ」のことで、種と種は生殖的に隔離されている。図鑑では種の単位で昆虫を紹介している。

また地理的隔離などの要因により、同種でありながら特徴に大きな違いがあるものを、亜種（subspecies）として区別している。例えば日本の本州に生息するヒラタクワガタと、インドネシアに生息するスマトラオオヒラタクワガタでは、体とオオアゴの大きさ、幅、厚みに大きな違いがあるが、生殖可能であるため別種ではなく亜種として区別している。

ヒラタクワガタ

スマトラオオヒラタクワガタ

●綱《こう》・目《もく》・科《か》・属《ぞく》・種《しゅ》の違い

いずれも生物分類学の単位で、大きい順から綱、目、科、属、種となる。目と科の間に上科、科と属の間に亜科など、必要に応じてカテゴリーを設けることもある。

昆虫綱に分類される生物が、昆虫（昆虫類）である。昆虫綱を大きく分ける最初の単位が「目」で、トンボ目、バッタ目、カメムシ目、チョウ目、ハチ目、コウチュウ目などがある。

例えばモンシロチョウは、昆虫綱・チョウ目・アゲハチョウ上科・シロチョウ科・シロチョウ亜科・モンシロチョウ属・種名モンシロチョウとなる。

● 擬態《ぎたい》

天敵などから身を守るために、自分の姿や様子を他のものに似せること。昆虫では体の形や色彩を草や木に似せて身を隠したり、毒のある虫などを真似て敵を欺いたりなど、様々な擬態が知られている。

翅を閉じると枯れ葉にそっくりなコノハチョウ

● 擬死《ぎし》

危険を感じた時、敵をやり過ごすために死んだように動かなくなること。いわゆる死んだふり。は虫類や両生類など動くものに反応する捕食者から身を守るため、有効だと考えられている。

シロコブゾウムシの擬死行動

● 展翅《てんし》と展足《てんそく》

昆虫標本を製作するためのテクニック。チョウやガ、トンボなどの翅の位置をそろえる作業を展翅、甲虫やバッタなどの足（脚）の形を整える作業を展足（展脚《てんきゃく》）と言う。

ウスバシロチョウの展翅
（写真提供：矢野真志）

● 抽水植物《ちゅうすいしょくぶつ》

アシ、ガマ、ハス、コウホネなど、水底に根を張り茎や葉が水上に出るタイプの水生植物。水生昆虫の生息場所や産卵場所として重要で、昆虫館ではオモダカやクワイなどを栽培し、ゲンゴロウの産卵に用いている。

● 累代飼育《るいだいしいく》

何世代にも渡って昆虫を繁殖させること。持続的に累代飼育を行うには、安定した餌と環境の確保だけでなく、飼育技術のマニュアル化なども必要となる。

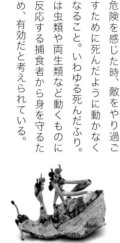

● 近交劣化《きんこうれっか》

近交弱勢《きんこうじゃくせい》とも言う。近親交配（遺伝子が近いもの同士の交配）により、繁殖力などに悪い影響がでること。特に希少種の累代飼育において、考えるべき重要な要素。

● 完全変態《かんぜんへんたい》と不完全変態《ふかんぜんへんたい》

昆虫が卵からふ化して成長し、成虫へと体の形を大きく変化させることを変態と言う。幼虫と成虫の体型や暮らしぶりが似ていて、かつ蛹《さなぎ》にならずに成虫になる変態様式のことを不完全変態（トンボ、バッタ、カマキリ、カメムシなど）という。

一方、幼虫と成虫で体型や暮らしぶりが大きく異なり、蛹になって成虫になる様式を完全変態（チョウ、ハチ、コウチュウなど）という。また、シミやイシノミの仲間のように、幼虫と成虫の体型がほぼ同じで、蛹にならず翅のない成虫となり、その後も脱皮し続ける無変態という様式もある。

オオカマキリの幼虫

● 脱皮《だっぴ》

昆虫が成長して大きくなるために、体の表面を守っている皮を脱いで、新しい皮でできた体になること。クチクラと呼ばれる外側の硬い皮で体を支えている昆虫は、脱皮せずに成長することはできない。残された古い皮が抜け殻。昆虫以外にもエビやカニなどの節足動物で見られる。

アブラゼミの抜け殻

● 齢《れい》（令《れい》）

脱皮によって区切られる幼虫の発育段階のこと。卵からふ化した直後が1齢（令）。その後、脱皮する毎に2齢、3齢と増えていく。成虫または蛹《さなぎ》になる直前は終齢幼虫と呼ばれ、その齢数は昆虫の種によって違う。生育状況やオスとメスで異なる場合もある。

羽化《うか》

昆虫の幼虫が成長し、成虫となること。不完全変態の場合は終齢幼虫から、完全変態の場合は蛹からの脱皮を指す。翅《はね》が生え、個体の移動能力が格段に向上するものが多い。

前翅長《ぜんしちょう》

前翅《ぜんし》の付け根から先端までの長さ。チョウやガの大きさを示すのに使われている。以前は、左右の翅を広げた時の長さ（開張）が使用されていたが、現在は前翅長が主流。

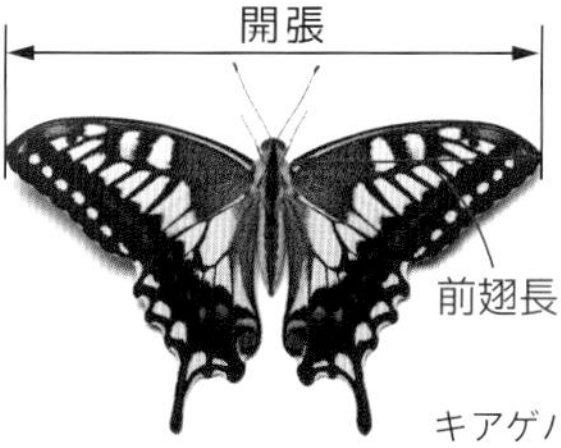

キアゲハ

複眼《ふくがん》

昆虫類などの節足動物の頭部にある、レンズ状の小さな眼（個眼）が束状に繋がって構成される視覚器官。広い視野を持つことができると考えられている。

腹脚《ふくきゃく》

チョウやガなどの幼虫の腹部にある、いぼ状の歩行器官のこと。胸部にある脚（胸脚《きょうきゃく》）とは構造が根本的に異なり、関節もないため厳密には「脚」ではない。幼虫時代限定の脚のような働きをする器官。

各部の名称

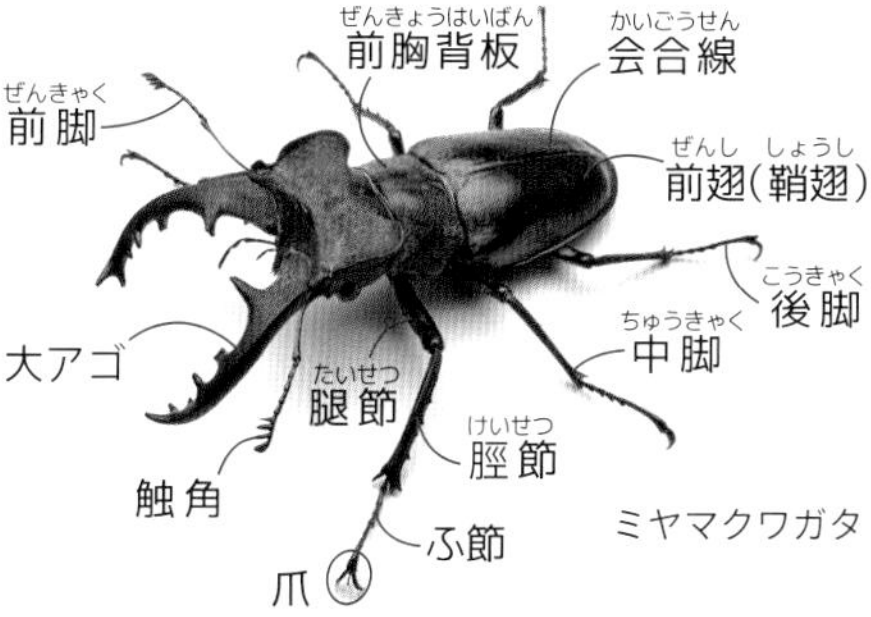

ミヤマクワガタ

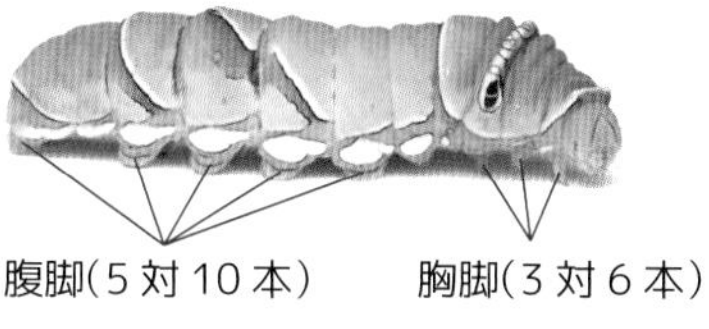

アゲハ5齢幼虫

昆虫館スタッフの内緒話

昆虫館はスゴイ！

2021年8月24日　第1刷発行

著 者　　全国昆虫施設連絡協議会

会長：渡部 浩文 / 事務局：東京都多摩動物公園　昆虫園
執筆協力：全国の昆虫館のみなさん
企画：奥山 清市・秋川 貴子
企画協力：前畑 真実
施設連絡調整：石島 明美

編集人　諏訪部 伸一、江川 淳子、野呂 志帆
発行人　諏訪部 貴伸
発行所　repicbook（リピックブック）株式会社
〒353-0004　埼玉県志木市本町5-11-8
TEL　048-476-1877
FAX　03-6740-6022
https://repicbook.com
印刷・製本　株式会社シナノパブリッシングプレス

　ISBN978-4-908154-31-7